Sabine Gauditz

Schaufenster als Spiegel der Geschäfte

Edition Buchhandel Band 8

Herausgegeben von Klaus-W. Bramann

Sabine Gauditz

Schaufenster als Spiegel der Geschäfte

Schaufensterwerbung und CI • Kreativität und Ideenfindung • Farbe und Licht • Gruppenbildung und Raumwirkung • Interaktive Schaufenster • Arbeitstechniken und Arbeitsplatz

2. aktualisierte und erweiterte Auflage
mit einem Vorwort von Hans Schmidt

bramann.

Inhalt

Schaufenster als Spiegel der Geschäfte

Wirkungsvolle Schaufenstergestaltungen müssen nicht unbedingt kostspielig sein.
Eine Abbildung des Buches wird mit Federn und geflochtenen Rattan-Kugeln abstrakt im Schaufenster umgesetzt. Eine mit weißem Stoff bespannte Leichtschaumplatte ist die ›Bühne‹ für das Buch. Das Schaufenster ist farblich auf das Buch abgestimmt und überrascht den Betrachter mit einem ungewöhnlichen Materialmix. Spannende Buchcover stechen aus der Masse heraus und lassen einen großen Freiraum für ausgefallene Gestaltungsideen.

Vorwort

Kann Ware lächeln? Ein chinesisches Sprichwort sagt: »Wer nicht lächeln kann, darf kein Kaufmann werden.« Übersetzt würde ich dies gerne auch auf die Warenpräsentation im Schaufenster beziehen: Ware, die nicht lächeln kann, wird sich nicht verkaufen.

Optimale Warenpräsentation im Laden und eine einladende Visitenkarte, sprich das Schaufenster, sind Voraussetzungen für eine erfolgreiche Buchhandlung. Was soll eigentlich den Kunden in die Buchhandlung holen? Zuhause drückt er einige Tasten am PC oder auf mobilen Endgeräten und bereits einen Tag später läutet es an der Tür und der Paketdienst bringt ihm die bestellten Bücher. Der Buchhandel muss seinen Kunden also mehr bieten als ›nur‹ Bücher. Es muss Spaß machen, abends oder am Sonntag durch die Stadt zu bummeln und sich die Nase an der Schaufensterscheibe ›plattzudrücken‹. Der Wunsch muss geweckt werden, hier auch einzukaufen.

Wenn sich die Buchhandlung nicht in einem Einkaufscenter befindet, ist das Schaufenster eines der wichtigsten Aushängeschilder und der Garant für unseren Geschäftserfolg. Leider finden sich selbst in Markenhandbüchern großer Einzelhandelsunternehmen nur detaillierte Angaben über Firmenlogo und Positionierungen auf Geschäfts- und Werbepapieren, doch das Schaufenster wird oft vergessen. Dabei fängt Vieles schon bei der Planung eines Geschäftes an: Die Gestaltung der Fassade und der Schaufensteranlage wird dem Architekten überlassen, für die Website wird eine Werbeagentur eingeschaltet und ›irgendein‹ Dekorateur oder Mitarbeiter ›macht dann die Fenster‹. Ist dies die Vision einer werblichen Darstellung nach außen?

Das Buch von Sabine Gauditz setzt hier deutliche Akzente: Schaufensterdekorationen beginnen bereits beim Sichten der Neuerscheinungen, denn der Verkaufserfolg muss geplant werden. Wie will ich auf meine Buchhandlung aufmerksam machen? Wie will ich die Botschaft an den zufällig vorbeilaufenden Passanten bringen? Wie will ich mich kontinuierlich in meiner Stadt darstellen? Viele Beispiele in diesem Buch kommen aus einer langjährigen Seminartätigkeit und der Zusammenarbeit mit unterschiedlichen Buchhandlungen, unter anderem mit dem Buchhaus CAMPE in Nürnberg.

Mit diesem Buch will Frau Gauditz nicht nur ein handwerkliches Anleitungsbuch, sondern auch ein Buch mit Anregungen und Visionen für Chefs und Mitarbeiter vorlegen. Dabei darf nicht vergessen werden, dass Schauwerbegestaltung – wie die Ausbildung zum Buchhändler – ein Lehrberuf ist. Welche Voraussetzungen ein Gestalter auch vorfindet, eines dürfte bereits klar geworden sein: Es genügt nicht, nur einen Schaufensterplan fürs kommende Jahr an die Wand zu hängen. Darüber hinaus muss klar formuliert werden, wie ich mit meinem Schaufenster das Erscheinungsbild, die Vision und das CI der Buchhandlung darstellen will.

Ich wünsche der Branche mit diesem Buch viele gute Schaufenster und einen damit verbundenen ergebnisreichen Geschäftserfolg.

Nürnberg, im November 2018

Hans Schmidt
CityManager Stadt Nürnberg
(vormals Geschäftsleiter
Thalia-Buchhaus CAMPE in Nürnberg)

Einleitung

Ohne Schaufenster und Fußgängerzonen, die zum Bummeln und Einkaufen einladen, würden unsere Städte trist und traurig aussehen. Wenn Sie schon einmal im Urlaub, in einem südlichen Land in der Zeit der Siesta, an geschlossenen Geschäften und mit Rollläden verriegelten Läden vorbeigegangen sind, dann können Sie sicher nachvollziehen, was ich meine. Der Weg ist endlos, die Sonne brennt und es gibt keine Ablenkung. Einige Stunden später hat dieselbe Straße ein anderes Gesicht. Die Geschäfte sind geöffnet, Menschen tummeln sich in den Cafés, man wird zum Einkaufen verführt und bekommt gleichzeitig Unterhaltung geboten. Man fühlt sich wohl, sieht Neues und Interessantes. Derselbe Weg erscheint plötzlich ganz kurz.

Schaufenster sind die inspirierenden Elemente unserer Städte und Straßen. Sie verbinden Kunst und Kommerz, sie erzählen Geschichten und unterhalten. Jeder Einzelhändler trägt mit seiner Schaufenstergestaltung zum Gesamtbild der Einkaufsstraße bei. Neben guten Umsätzen für das eigene Unternehmen hat er aber auch eine Verantwortung der Stadt ge-

Dieses Schaufenster ist ganz auf ein Buch abgestimmt. Die Plexiglasplatten im Hintergrund wurden mit Farbpigment und Sägespänen gestaltet. Die Farbgestaltung passt sich dem Buchcover an. In diese Oberfläche sind Handabdrücke eingearbeitet.

genüber und sollte mit seinen Schaufenstern eine Bereicherung des Stadtbildes darstellen. Ohne Kunst und Musik würde unser Alltag langweilig und trostlos sein. Ohne Schaufenster sind unsere Straßen öde und leer. Interneteinkauf bedeutet nicht, dass es keine Schaufenster mehr geben kann. Im Gegenteil – das veränderte Einkaufsverhalten sollte zu neuen Gedanken und Konzepten anregen. Leerstände in Städten müssen mit innovativen Ideen gefüllt werden. Dienstleister, Fitness-Studios, Fahrschulen, Banken usw. können ebenso wie Geschäfte mit interessanten Gestaltungsideen Passanten verführen. Blicke in eine Schalterhalle oder in den Trainingsraum des hundertsten Fitness-Studios sind wenig inspirierend.

Ich hoffe, mit diesem Buch das Schaufenster als Werbeträger wieder mehr ins Bewusstsein der Marketingverantwortlichen von Einzelhandelsunternehmen und Stadtplanern zu bringen. Natürlich sind Schaufenster kein Allheilmittel, aber sie sind ein wichtiger Bestandteil von lebens- und liebenswerten Innenstädten. Ich möchte das Schaufenster als Marketinginstrument nicht überbewerten, aber gut dekorierte Schaufenster sind für das Image einer Firma genauso wichtig wie Anzeigenkampagnen, Zeitungsbeilagen, die Internetauftritte und Social-Media-Aktivitäten.

Es freut mich, dass ich in meiner Berufslaufbahn immer wieder mit Unternehmern zu tun hatte, welche den Immagegewinn guter Schaufenster erkannt haben und mir die Möglichkeit eingeräumt haben, viele meiner Ideen und Entwürfe umzusetzen. Ich möchte mich für diesen Mut und die Unterstützung bedanken.

Nürnberg, im November 2018 *Sabine Gauditz*

Mitinhaberin der Agentur ARTE PERFECTUM

1 Viel Werbung für wenig Geld

Die Entdeckung des Schaufensters als Werbemittel nahm im 18. Jahrhundert in Paris seinen Anfang. Als es möglich wurde, größere Glasscheiben herzustellen, wurden die Fenster, die bis dahin nur den Sinn hatten, Licht in die Läden zu lassen, als Werbemittel entdeckt. In der Folgezeit haben Künstler wie JASPER JOHNS oder ROBERT RAUSCHENBERG das Medium Schaufenster für sich entdeckt und mit ihren Dekorationen für Aufsehen gesorgt. Auch ANDY WARHOL arbeitete während seiner Studienzeit nebenbei als Dekorateur. Das Schaufenster als Informations- und Unterhaltungsmedium war geboren.

Heute, in Zeiten der Hightech-Medien und des Internets, hat sich der Stellenwert des Schaufensters gewandelt. Vielen Marketingleitern und Geschäftsführern kommt diese Art der Werbung nicht mehr zeitgemäß vor. Eine fast zwangsläufige Folge: Es wird nicht genug Etat für die Schaufensterdekoration einkalkuliert. Dies bedeutet aber gleichzeitig, dass die Faszination der Gestaltungen nachlässt. Es gibt aber keine Alternative! Solange Menschen durch die Stadt laufen und ›shoppen‹ gehen, ist das Schaufenster ein wichtiger und ernstzunehmender Werbeträger. Verglichen mit anderen Werbemitteln ist es außerdem kostengünstig. Wenn Sie sich überlegen, wie viele Menschen täglich an Ihren Schaufenstern vorbeigehen und wie viele direkte Werbekontakte Sie damit erzielen können, sind die Kosten, die Ihnen hierfür entstehen, vergleichsweise gering. Allein die Berücksichtigung der Deko-Kosten und deren Gewichtung im Rahmen des Werbeetats ist ein Indiz für den Stellenwert, den Sie Ihrem Schaufenster einräumen.

Üblicherweise plant man im Buchhandel den Werbeetat mit etwa 1 bis 2 % vom Umsatz. Im Vergleich zu anderen Branchen ist der Wert ohnehin schon niedrig und wird meistens durch klassische Werbemedien oder durch Autorenlesungen und andere Maßnahmen zur Verkaufsförderung inkl. deren Rahmenkosten aufgebraucht. Für die Schaufenster bleibt oft kein Geld mehr übrig – und so sehen sie mitunter auch aus. Als Minimum-Budget für die Schaufensterdekoration sollten pro Schaufensterwechsel und Schaufenster für Material mindestens 50,– bis 100,– Euro eingeplant werden. Dies ist im Vergleich zur Anzeigenwerbung ein verschwindend geringer Betrag. Falls Sie zwei Schaufenster haben und im

Abstand von 4 bis 6 Wochen neu dekorieren, ergibt sich so ein ›Mini‹-Jahresbudget in Höhe von etwa 2400,– Euro ausschließlich für die Gestaltung der Fenster, sprich für Handwerkszeug und Dekoartikel. Diese Beispielsberechnung soll Ihnen einen gewissen Anhaltspunkt für Ihre Planung liefern. Nicht eingeschlossen in diese Berechnung sind die Kosten für eine aufwändigere Weihnachtsdekoration oder sonstige Veranstaltungsdekorationen sowie das Honorar für einen externen Gestalter bzw. das Stundenbudget, das ein Mitarbeiter zur Vorbereitung und Umsetzung der Schaufenstergestaltung benötigt.

Viele Innenstädte klagen über die wachsende Konkurrenz großer Einkaufsareale am Ortsrand und den Besucherschwund durch Online-Shopping. Das Thema Internet lässt sich natürlich nicht ignorieren oder alleine mit schönen Schaufenstern ausgleichen. Und dennoch liegt gerade in den Schaufenstern und ihrem harmonischen Zusammenspiel mit der Fußgängerzone als Freizeit- und Erlebniswelt die Chance, es mit dieser Konkurrenz aufzunehmen. Darüber hinaus muss natürlich auch die Stadt dazu beitragen, durch Grünanlagen, Bäume, Bänke und Brunnen ein angenehmes und inspirierendes Stadtbild als Ergänzung zu schaffen. **Online-Shopping bedeutet Bequemlichkeit und Information – stationärer Handel steht für Inspiration und Emotion.** Viele Branchen haben bereits erkannt, dass innovative Ladengestaltung und kreative Schaufenster ein wichtiges Einkaufsargument sind. Conceptstores, Pop-Up-Stores und Personal-Shopping sind die Gegenbewegung zu großen Online-Anbietern. Einige große Filialisten sind bereits auf dem Weg der Neuorientierung und legen wieder viel Wert auf ansprechende Inszenierungen. Schaufenster sind dazu da, Wünsche zu wecken und Sehnsüchte zu verkaufen. Allerdings gilt es noch vielerorts, neue Wege in der Schauwerbegestaltung zu gehen und zu finden.

Das Verhältnis vieler Einzelhändler zu ihren Schaufenstern ist ein sehr widersprüchliches: Einerseits möchte man Schaufenster dekorieren, andererseits dafür aber keine Zeit und Kosten investieren. Das Schaufenster wird nicht als ernst zu nehmendes Marketinginstrument gesehen, dem man genauso viel Sorgfalt angedeihen lassen muss wie anderen Werbemedien. Vielmehr hat man die Erwartung, dass sich alle im Schaufenster angepriesenen Bücher auch gleich verkaufen. Der Erfolg eines Schaufensters in Bezug auf Verkaufszahlen ist allerdings nur schwer messbar. Denn der Kunde kann durchaus durch Ihre Schaufenster auf Ihr Geschäft aufmerksam werden und Ihr Geschäft betreten, dann aber ein ganz anders Buch als das im Fenster ausgestellte kaufen. Es kommt also darauf an, dass mit Hilfe einer ansprechenden Dekoration die Kundenfrequenz sowie der Gesamtumsatz gesteigert werden und nicht, dass alle gezeigten Bücher zu Verkaufsschlagern werden.

2
Schaufenster als Spiegel des Hauses

Was kann das Schaufenster leisten? Unsere Zeit ist heute meist sehr knapp bemessen. Wir haben Termine, sind in Eile und unsere wenige Zeit ist uns zu kostbar, um sie zu vergeuden. Dekoration muss also bewirken, dass der Passant auf seinem Weg innehält und Ihnen einige Minuten seiner Zeit schenkt, um die Auslagen in Ihrem Schaufenster zu betrachten. Sie wollen sein Interesse wecken, auch wenn er eigentlich kein Buch braucht. Und die Dekoration muss diesen Wunsch des Besitzen-Wollens auslösen. Deshalb bedeutet ein Schaufenster zu dekorieren nicht, dass man ein Verlagsposter hineinhängt, ein paar Requisiten dazulegt und möglichst viele Bücher hineinstellt.

Ein Plakat und viele Bücher, die im Schaufenster verteilt sind, ergeben noch keine stimmungsvolle Dekoration.

Das Schaufenster ist vielmehr die Visitenkarte, der Spiegel Ihres Geschäftes. Neben der Fassade und dem Eingangsbereich trägt es wichtige Informationen über Ihr Sortiment, über den Stil und die Kompetenz Ihres Hauses nach außen. Es ist die Bühne, auf der Sie sich und Ihre Ware präsentieren können. Bei Modefenstern beispielsweise können Sie, ohne die Preisschilder zu lesen, an der Dekoration bereits erkennen, ob die Ware teuer oder eher preisgünstig ist. Je weniger Ware in den Schaufenstern dekoriert ist, desto exklusiver werden Sie das Geschäft einstufen. Das Schaufenster weckt im Idealfall die Neugierde der Passanten und lädt dazu ein, den Laden zu betreten. Es kommuniziert nonverbal mit Ihren Kunden und spricht deren Unterbewusstsein an. Das Schaufenster ist das erste Glied in einer mitunter langen Kette, die zur Kaufentscheidung führt und ist somit ein wichtiges Marketinginstrument. Daher sollten Sie Ihren Schaufenstern die gleiche Sorgfalt angedeihen lassen wie der Wahl Ihrer Kleidung, wenn Sie einen besonders guten Eindruck hinterlassen möchten. Das Schaufenster stellt Ihr Geschäft vor und lädt den Passanten ein, es näher kennen zu lernen. Denn Sie wissen: »Für den ersten Eindruck gibt es keine zweite Chance.«

Je weniger Werbebudget Sie haben, desto wichtiger ist es, Ihr Schaufenster sinnvoll zu nutzen. Die Mietkosten zahlen Sie ohnehin, egal ob Sie Ihr Schaufenster nur als Warenlager oder als Marketinginstrument einsetzen. Wenn Sie sich jedoch klar machen, wie viele Menschen täglich an Ihren Schaufenstern vorbeigehen, mit denen Sie durch Ihre Dekoration direkt in Kontakt treten und das Image Ihres Geschäftes kommunizieren können, dann ist es doch widersinnig, diese Möglichkeit nicht

Diese Kochbuchinszenierung besticht durch einen klaren Aufbau. Großformatige Abbildungen aus dem Buch wurden als Blickfang eingesetzt und strukturieren die Gestaltung. Als Kontrast und kreatives Element sind Tellerstapel und abgehängtes Besteck Teil des Aufbaus.

Sonnenblumen in einer Stahlfedermatratze nehmen die Cover-Gestaltung des EDV-Buches auf und schaffen einen eigenen Blickfang vor dem Meer aus Sonnenblumen auf der Rückwand.

Dieses Schaufenster lebt von Ruhe und Ausgeglichenheit. Die Steine, der Kies, die Fahne im Hintergrund - alles ist geradlinig und exakt platziert. Alles ist vollkommen ausgewogen und spiegelt somit das Wesen des Buddhismus wider.

konsequent zu nutzen. Der eigentliche Verkauf findet im Geschäft statt. **Schaufenster müssen Geschichten erzählen, zum Lachen, zum Nachdenken oder zum Staunen anregen.** Das geht aber nur, wenn nicht die Ware allein im Vordergrund steht, sondern wenn diese ein Teil der Gesamtkomposition ist. Gute Schaufensterdekorationen entstehen nicht durch Zufall, sie brauchen ein **visuelles Drehbuch.**

Es gibt Branchen, beispielsweise Optik oder Schmuckwaren, denen es gelingt, das Image ihrer Geschäfte durch bessere Schaufensterwerbung erheblich zu steigern. Ihre Schaufenster fallen häufig durch phantasievolle und witzige Dekorationen auf und prägen sich im Unterbewusstsein der Passanten ein. Dies liegt aber nicht am Sortiment, sondern ist für jede Ware und für alle Branchen möglich. Ein Argument, das ich im Buchhandel häufig höre, lautet: »Bei Büchern kommt es aber in erster Linie auf die Inhalte an.« Das ist sicher richtig, aber auch diese Inhalte wollen mit Ideen und Kreativität verkauft sein. Warum sollten sonst Werbegrafiker und Marketingfachleute Gedanken an die Covergestaltung von Büchern verschwenden? Wir könnten, falls es wirklich nur um Inhalte geht, genauso gut alle Bücher mit einem hellgrauen Einband versehen und ins Regal stellen.

Der Akupressurstift scheint im Schaufenster zu schweben. Klares Design und eine aufwändige Beleuchtung geben diesem Schaufenster Tiefe und Ausstrahlung.

Heutzutage gibt es kaum mehr Dinge, die der Kunde unbedingt braucht. Und jedes Buch kann sehr bequem, zu jeder Tages- und Nachtzeit, im Internet bestellt werden. Beim stationären Einkauf geht es mehr denn je um Unterhaltung, um Freude, um ein gutes Gefühl und Spaß. Den Erlebniswert eines gut dekorierten Schaufensters kann das Internet trotz vieler Bilder und Animationen nicht bieten. Denn das Schaufenster ist immer

Zum Buchcover sind passende kleine Tiere aus der Kinderbuchabteilung dekoriert und ein Plakat als Blickfang des Fensters. Rote Holzstäbe bringen Nashorn, Giraffe und Zebra auf Augenhöhe und lenken den Blick des Betrachters.

noch das einzige dreidimensionale Werbemittel, das Ihnen zur Verfügung steht. Hier können Sie plastisch arbeiten, die Tiefe des Raums nutzen und die Ware in ihrer ganzen Dimension zeigen. Erzeugen Sie mit Licht- und Schatteneffekten Tiefe und Raumwirkung.

Überall auf der Welt gibt es Beispiele von Geschäften, die es durch Kreativität, Kontinuität und Mut zu Neuem geschafft haben, mit ihrer Schaufensterdekoration ein Markenimage aufzubauen. Nutzen Sie Ihr Schaufenster also nicht nur zur Warenpräsentation, sondern auch zur Image-Bildung. Orientieren Sie sich an den Größten und Besten, auch wenn Sie über ein bedeutend kleineres Budget verfügen. Geschäfte wie Harrods in London, KDW in Berlin, Macys oder Bergdorf in New York haben es geschafft, aus ihren Schaufenstern Pilgerstätten zu machen. Die Menschen gehen zu Harrods nur um zu sehen, welches Thema die neue Schaufensterdekoration hat, um darüber zu schmunzeln, zu diskutieren, sich zu freuen. Wer schon einmal zur Weihnachtsdekoration in New York war und Kinder und Erwachsene mit leuchtenden Augen vor den Schaufenstern der großen Kaufhäuser beobachtet hat, der weiß, welche Faszination gut dekorierte Schaufenster ausüben. In New York müssen wegen des großen Besucherstroms an Weihnachten extra Leitwege durch Geländer und Schnüre vor den Schaufenstern geschaffen werden, um

Üppiges Grün und Seidenblumen verwandeln das Schaufester in einen blühenden Garten. Die mit grünem Stoff bespannte Rückwand unterstützt die Inszenierung und sorgt für optimale Fernwirkung.

den Besucherstrom in geordneten Bahnen zu halten. Natürlich haben Sie nicht den Werbeetat von Harrods, aber mit guten Ideen, einem festen Etat und Kontinuität können auch Sie mit Ihren Schaufenstern zur Markenbildung (Branding) Ihrer Firma beitragen.

CHECKLISTE – DAS SCHAUFENSTER ALS MARKENZEICHEN

( ) Existiert eine gute Fernwirkung?

( ) Erregt die Gestaltung Aufmerksamkeit?

( ) Ist die Gestaltungsidee binnen 2–3 Sekunden klar erkennbar?

( ) Ist die Inszenierung emotional und überraschend?

( ) Welche Geschichte wird erzählt?

( ) Ist das Schaufenster sauber und ordentlich? Sind tote Fliegen und Staub entfernt und steht alles gerade?

( ) Kommuniziert das Schaufenster das Image des Geschäftes?

Mit diesem Buch möchte ich Sie dazu ermutigen, neue Denkansätze und Ideen zu verwirklichen. Denn es geht um den Stellenwert des Schaufensters. Einerseits soll es dazu beitragen, mehr zu verkaufen, andererseits soll es helfen, das Image Ihres Geschäftes zu kommunizieren. Vielleicht werden manche Leser jetzt denken, das ist mir zu aufwändig, schließlich bin ich nicht Geschäftsleiter von Harrods in London, sondern habe eine kleine Buchhandlung. Trotzdem möchte ich Sie dazu verführen, die Messlatte hoch zu legen, um sich an den Besten zu orientieren. Sie werden sehen, viele Ideen lassen sich auch mit einfachen Mitteln für jede Geschäftsgröße anwenden. Der erste Schritt auf dem Weg ist, dass Sie dem Werbepotenzial Ihres Schaufensters den richtigen Stellenwert einräumen.

3 Schaufensteranlage

Bevor Sie darüber nachdenken, wie Sie Ihre Ware inszenieren wollen, welche Geschichte Sie mit Ihrer Dekoration erzählen möchten und wie Sie die Aufmerksamkeit Ihrer Kunden erzielen können, müssen einige grundsätzliche Dinge in Ihrem Schaufenster gegeben sein.

Wenn Ihr Schaufenster die Bühne für Ihre Ware ist, muss diese Bühne so konzipiert sein, dass Sie Ihre Ware optimal in Szene setzen können. Denn alle Einzelteile und Requisiten müssen harmonisch aufeinander abgestimmt sein und ein perfektes Gesamtbild ergeben. Es nutzt Ihnen wenig, wenn Sie in ein Schaufenster mit immer gleichem Teppichboden und einer neutralen Holz- oder Lochblechrückwand mit Buchhalterungen immer wieder neue Bücher mit einem Verlagsposter und einer Requisite, wie einem Kochtopf oder einer Sonne, zeigen. Das mag zwar Kosten und Zeit sparen, ist jedoch keine Dekoration.

In Ihrem Schaufenster müssen Sie bei Boden, Rückwand, Decke und Beleuchtung einige grundsätzliche Dinge beachten, um gut und effizient arbeiten zu können. Es ist besser, Sie investieren einmal Geld, das dann auch vernünftig angelegt ist, als über Jahre hinaus mit Kompromissen zu arbeiten und doch nur mittelmäßige Ergebnisse zu erzielen. Überprüfen Sie anhand der folgenden Grundüberlegungen zuerst die Ist-Situation in Ihren Schaufenstern. Auch wenn Sie im Moment mit einigen Kompromissen leben müssen, sollten Sie das Optimale nie aus den Augen verlieren. Oft ist auch ein zusätzliches Beratungsgespräch mit einem Dekorations-Fachmann effektiv und sinnvoll, um den vorhandenen, meist von einem Innenarchitekten konzipierten Schaufenstereinbau zu optimieren. Denn Architekten bauen Läden, haben aber meist noch nie selbst ein Schaufenster dekoriert. Daher wissen sie nur wenig über die konkreten Erfordernisse eines optimalen Schaufenstereinbaus.

3.1 Schaufensterboden

Der Boden eines Schaufensters nimmt neben der Rückwand die größte Fläche ein und ist somit ein wichtiges Gestaltungselement. Er ist die Ba-

Wenn der Bodenbelag nicht optimal passt, wird die Wirkung der Bücher beeinträchtigt.

sis des Fensters und sollte sich harmonisch ins Gesamtbild fügen. Wenn Sie als Bodenbelag in Ihren Schaufenstern einen neutralen Holz- oder Fliesenboden haben, können Sie diesen als Untergrund für manche Dekorationen sicher verwenden. Dennoch sollten Sie sich vor jeder neuen Gestaltung die Frage stellen: Passt er zu meinem Thema? Oder muss ich ihn gegebenenfalls verändern, damit er eine perfekte Basis abgibt? Die Einbeziehung des Bodens als Gestaltungselement in eine Schaufensterinszenierung sollte nicht unterschätzt werden. Das Unterbewusstsein Ihrer Kunden kann sehr gut zwischen schlechten Lösungen und harmonischen Gestaltungen unterscheiden.

Jedes Thema stellt spezifische Anforderungen an Farbe und Struktur des Untergrundes. Deshalb ist es mit dem immer gleichen, hellbeigen Teppichboden als Bodenbelag nicht getan. Um Ihre Ware optimal zu präsentieren, muss der Bodenbelag flexibel gestaltet werden können. Für größere Schaufenster verwenden Sie am besten Tischlerplatten, 11 mm oder 16 mm stark je nach Größe der einzelnen Platte, die Sie auf einen neutralen Fliesen-, Holz oder Teppichboden legen können. Die Platten sollten eine Größe, die Sie alleine gut bewegen können, nicht überschreiten, da sie zum Bespannen aus dem Fenster herausgenommen werden müssen. Auch sollte sich mindestens eine Seite der Platte an den handelsüblichen Stoffbreiten orientieren (meist 1,20 m). Bei größeren Schaufenstern müssen die Bodenplatten in mehrere handliche Platten aufgeteilt werden. Bei kleinen Fenstern, wie man sie im Buchhandel häufig antrifft, sind Leichtschaumplatten das Material der Wahl. Sie sind sehr leicht, einfach mit dem Cutter zu schneiden und gut zu transportieren. Leichtschaumplatten können fertig bespannt aufgehoben werden, sodass Ihnen ein gewisser Fundus an unterschiedlich farbigen Bodenbelägen zur Verfügung steht, auf die Sie bei Bedarf zurückgreifen können. Gerade bei Büchern ist es wichtig, dass der Bodenbelag das Thema des Schaufensters optimal unterstreicht.

Wenn Sie den Boden mit verschiedenen zum Thema passenden Naturmaterialien – wie zusätzlichen Steinen, Holzdielen oder Sand – auslegen, können Sie Ihre Dekoration real und lebendig gestalten. Auch Plastikgranulat oder Metallspäne eignen sich mitunter gut zur Bodengestaltung; sie geben Ihrer Gestaltung Struktur und Tiefe. Es ist wichtig, dass Farbe und Material exakt zum Schaufensterthema und zu der Ware, den Buchcovern, passen. Der gezielte Einsatz der richtigen Farbe kann ein und derselben Auslagengestaltung eine völlig andere Aussage und Wirkung geben.

3.2 Schaufensterrückwand

In geschlossenen Schaufenstern wird die Rückwand die größte Fläche einnehmen und ist dadurch Hauptbestandteil der Gestaltung. Mit einem großformatig aufgezogenen Foto oder einer Fototapete kann sie durchaus zum Eyecatcher werden. Signalwirkung erzielt aber auch in starkem Maße Farbe, die gleichermaßen Aufmerksamkeit wie Interesse beim Betrachter weckt.

Die Rückwand als Gestaltungselement. Am Beispiel der Karibikdekoration zeigt sich, wie die Rückwand das Gesamtbild der Dekoration unterstützt und vervollständigt. Als Hintergrund wurden Bastmatten verwendet, die das karibische Ambiente betonen und zusammen mit Sand und Palmen Urlaubsstimmung erzeugen.

Die Rückwand als Gestaltungselement. Am Beispiel deines Oster-Schaufensters kann man sehr gut erkennen, dass auch bei halber Rückwand die farbliche Gestaltung wichtig für die Aussage und den Effekt des Schaufensters ist. Der grüne Rasen im Fenster bringt Farbe in die Gestaltung und bildet einen lebendigen Hintergrund zu den Büchern.

Bei Büchern ist es von Vorteil, wenn Sie in Ihrer Rückwand Plexihalter befestigen können, um dort Bücher zu platzieren. Um eine bestimmte Stimmung zu erzeugen, wird es dennoch manchmal nötig sein, Ihre neutrale Rückwand mit bespannten Platten, die farblich zur Dekoration passen, zu verdecken. Da Sie dadurch die vorgesehenen Halterungen nicht mehr verwenden können, wird die Ware mit Hilfe von Podesten vom Boden her aufgebaut. Dies ist zwar etwas aufwändiger, aber denken Sie immer daran: Sie wollen mit Ihrer Dekoration eine Geschichte erzählen und verzaubern und nicht möglichst schnell viele Bücher im Schaufenster unterbringen. Gute Effekte für wenig Geld können Sie erzielen, wenn Sie Ihre Rückwand (sofern es kein Lochblech und keine Holzwand ist) tapezieren, in der passenden Farbe streichen oder mit einer Schablonenmalerei versehen, die zum Thema passt. Oft reicht schon eine als gerade Bahn abgehängte farbige Papier- oder Stoffbahn, um eine bestimmte Stimmung zu erzeugen. Auch gekonnt drapierter Stoff kann als Vorhang einen interessanten Effekt erzielen. Wichtig ist, dass Ihr Schaufenster eine harmonische Einheit ergibt. Um das zu erreichen, muss Ihre Rückwand flexibel gestaltbar sein. Genau wie beim Boden können Sie zur Rückwandgestaltung Holzplatten oder Leichtschaumplatten verwenden, die mit unterschiedlichen Stoffen bespannt werden.

Mit und ohne Hintergrund: Vier große Bilder ersetzen in dem Schaufenster ›Lebenslinien‹ die Rückwand und geben der Dekoration Halt und Geschlossenheit.

Bei Schaufenstern ohne oder mit halb hoher Rückwand, sollten sie darauf achten, dass der Blick des Betrachters nicht zu sehr von Ihrer Dekoration abgelenkt wird. Leicht verliert sich der Blick in dem dahinterliegenden, meist sehr unruhigen Raum und nimmt Ihrer Inszenierung viel von der Wirkung. Als Kompromiss zwischen Dekoration und Durchsicht in den Laden bieten sich ein Plakat (auf eine entsprechende Größe achten) oder eine Stoffbahn an, die Sie mittig oder im Goldenen Schnitt (siehe Kapitel 7.2) im Schaufenster aufhängen. Sie geben Ihrer Dekoration Halt und vertiefen die Raumwirkung im Schaufenster. Sie müssen den Blick auf den Laden nicht ganz verdecken, aber Sie brauchen einen Ruhepol für das Auge, um den Fokus des Betrachters auf die Ware zu lenken.

3.3 Schaufensterdecke

Wie im Theater so ist auch im Schaufenster eine funktionale Schaufensterdecke unabdingbar. Gerade bei Schaufenstern mit kleinteiliger Ware wie Büchern ist es wichtig, dass es die Möglichkeit gibt, Plakate oder Requisiten von der Decke abzuhängen. Um nicht immer wieder neue Nägel oder Haken in die Decke schlagen zu müssen, sollten Sie ein Gitter anbringen lassen, das über die ganze Decke geht und sich farblich dem Untergrund anpasst (weißes Gitter auf weißer Decke). Ein Gitter gibt Ihnen die Möglichkeit, völlig flexibel an jeder beliebigen Stelle des Schaufensters Gegenstände abzuhängen und somit auch Tiefe und Raumwirkung in Ihrem Schaufenster zu verstärken. Es ermöglicht Ihnen ein dreidimensionales Arbeiten an allen Punkten des Fensters. Eine Alternative (gerade bei schmalen Fenstern) sind an der Decke befestigte Stangen oder gespannte Drahtseile. Um Überschneidungen einzelner Elemente zu ermöglichen, sind dafür mindestens zwei Stangen/Seile parallel zur Scheibe einzuplanen. Denn nur dann ist ein schnelles und effektives Arbeiten bei der Dekoration möglich. Bei Fenstern ohne Rückwand übernimmt die Schaufensterdecke die tragende Funktion. Alle Elemente, die nicht vom Boden aufgebaut werden können, werden abgehängt.

Weiße Gitter, die fast unsichtbar an der Decke angebracht werden, ermöglichen ein Einhängen der Dekoration an jeder beliebigen Stelle im Schaufenster.

Idealerweise ist die Schaufensterdecke von außen nicht sichtbar und nicht einsehbar. Denn nur dann können Sie eine perfekte Illusion und ein Raumerlebnis schaffen. Deshalb müssen Sie ein Gitter, das an der Decke angebracht ist, durch eine Blende oder durch Abkleben am oberen Rand der Schaufensterscheibe verdecken. Das ist aber nur bei sehr hohen Schaufenstern sinnvoll, da sich sonst die Proportionalität des Schaufensters nachteilig verändert.

3.4 Beleuchtung

Um Ihre Dekoration und Ihre Ware in Szene zu setzen, brauchen Sie in Ihren Schaufenstern eine ausreichende und flexibel einsetzbare Beleuchtung. Dekorateure von Textilschaufenstern wissen, wie wichtig es ist, die richtige Lichtstärke und die richtige Lichtfarbe zu treffen, um die Kleidung im wahrsten Sinne des Wortes ins ›rechte Licht‹ zu setzen. Licht brauchen Sie aber für jede Ware.

Es gibt verschiedene Lichtsysteme mit unterschiedlichen Strahlern, die entweder an der Decke oder seitlich im Schaufenster angebracht werden. Für welches System Sie sich auch entscheiden, nach Möglichkeit sollten die Lichtquellen von außen nicht sichtbar sein. Neben einer ausreichenden Grundbeleuchtung brauchen Sie Spots, um Ihre Ware zu betonen und Ihre Dekoration zum Leuchten zu bringen. Die Strahler müssen flexibel einstellbar sein, denn jede Dekoration erfordert einen neuen Lichtschwerpunkt und eine neue Inszenierung. Da es viele verschiedene Lichtsysteme gibt, ist es ratsam, sich von einer Fachfirma (Herstellerfirma für Shop-Beleuchtung) beraten zu lassen, denn häufig reicht eine Beratung des Elektrikers bzw. der Ladenbaufirma nicht aus, um eine optimale Wahl zu treffen. Profi-Lichtschienen und Strahler haben meist eine größere Lichtausbeute und eine längere Lebensdauer als Billigprodukte. Auch die vielfältigen Möglichkeiten von LED-Leuchtmitteln benötigen kompetente Planung.

Ein wesentlicher Faktor bei der Schaufensterbeleuchtung ist die Farbtemperatur der Leuchtmittel (Kelvin). Soll die Lichtfarbe ein helles weißes Licht (Tageslichtweiß: über 4.000 Kelvin) oder warmes Licht, dass mehr an Kerzenlicht erinnert (Warmweiß: 2.700 bis 3.300 Kelvin) widerspiegeln? Je nachdem, wie die Entscheidung ausfällt, werden sich die Atmosphäre des Schaufensters und die Wirkung der Ware verändern. Die Maßeinheit Lumen (lm) bezeichnet die Strahlungsleistung, die eine Lichtquelle nach allen Seiten abgibt, und Canedela (cd) steht für die Strahlungsleistung in eine bestimmte Richtung. Die Beleuchtungsstärke wird in Lux gemessen, wobei 1 Lux = 1 cd aus 1 m Abstand auf der Fläche von 1 qm ist. Lux beschreibt die Lichtmenge, die auf der Fläche ankommt und ist ausschlaggebend dafür, wie gut Ihr Schaufenster be- und ausgeleuchtet ist.

Eine perfekte Beleuchtung zahlt sich aus. Sollte sie in Ihren Schaufenstern noch nicht vorhanden sein, ist dies ein wichtiger Punkt für Ihre langfristige Planung. Was nutzt Ihnen die schönste Dekoration, wenn sie im Dunkeln bleibt bzw. nicht zur Geltung kommt? Dass die Beleuchtung in der Dämmerung und Dunkelheit angeschaltet wird, ist wohl jedem klar. Mindestens ein Strahler sollte dabei über die Ladenöffnungszeiten hinaus die ganze Nacht angeschaltet bleiben, denn Ihr Schaufenster ist, ebenso wie das Internet, 24 Stunden für Sie tätig.

Noch wichtiger ist allerdings die Beleuchtung der Fenster tagsüber. Mit einer ausreichend großen Leuchtmittelstärke gilt es, die Konkurrenz mit dem Tageslicht aufzunehmen. Ist die Sonneneinstrahlung zu stark und das Schaufenster zu gering beleuchtet, spiegelt die Schaufensterscheibe und erschwert den Blick auf die Auslage. Neue Lichtsysteme bieten die Möglichkeit einer tageslichtabhängigen Lichtsteuerung oder einer interaktiven Steuerung, welche in der Lage ist, auf Passanten mit speziellen Lichteffekten zu reagieren. Das perfekte Licht ist für eine gute Inszenierung unabdingbar. Deshalb sollte man vor einer Entscheidung Showrooms unterschiedlicher Herstellerfirmen oder Messen für Lichttechnik und Ladenbau besuchen und die Beleuchtungstechnik in den Schaufenstern anderer Branchen bei einem Bummel begutachten.

CHECKLISTE – SCHAUFENSTERANLAGE

( ) Lässt sich der Boden verändern und farblich der Dekoration anpassen?

( ) Kann die Rückwand flexibel gestaltet werden?

( ) Wird bei einem zum Geschäft hin offenen Schaufenster auf einen Ruhepunkt für das Auge (z.B. farbige Stoffbahn) geachtet?

( ) Ist der Einbau flexibel und lässt er sich leicht verändern?

( ) Gibt es Gitter/Stangen an der Decke, die ein Abhängen ermöglichen?

( ) Lassen sich die Strahler in alle Richtungen bewegen und auf die Ware einstellen? Ist eine Grund- und Akzentbeleuchtung möglich?

( ) Ist tagsüber und auch nachts (Nachtbeleuchtung) genügend Licht im Schaufenster?

4
Kreativität - Ideenfindung

Am Anfang aller Dekoration steht die Idee oder die Inspiration. Dabei gibt es zwei unterschiedliche Wege. Entweder Sie fangen mit der Ware an: Sie entscheiden also, welches Buch Sie dekorieren möchten und suchen sich die passenden Requisiten dazu. Oder Sie fangen mit den Requisiten an, die Sie irgendwo entdeckt haben und suchen sich die passenden Bücher dazu. Verlassen Sie sich dabei nicht zu sehr auf Dekopakete, die Sie von Verlagen bekommen, denn bedenken Sie: Dieselben Dekopakete bekommen andere Buchhandlungen auch, und Sie können sich daher nur schwer von Ihrer Konkurrenz abheben, ganz zu schweigen von der Möglichkeit einer Markenbildung bzw. der Corporate Identity (CI) Ihrer Firma. Deshalb sollten Sie ein Verlagswerbemittel immer neu interpretieren und ergänzen bzw. es als Grundlage für etwas Eigenes nehmen.

Life Counts. Farbe, Material und Inszenierung sind genau auf das Buch abgestimmt. Bei diesem Schaufenster dient das Buch als Inspiration für die Gestaltung. Das Thema ist abstrakt und künstlerisch umgesetzt. Die ungewöhnliche Inszenierung ist ein Blickfang.

Das Buch als Inspiration

Wenn Sie von der Ware ausgehen und mit Hilfe der Bücher die Ideenfindung beginnen, bekommen Sie sofort 1001 Ideen auf dem Silbertablett serviert. Verlage und Werbegrafiker haben sich schon endlos Gedanken über Farbe, Umschlaggestaltung, mögliche Assoziationen usw. gemacht – Sie brauchen diese Arbeit nur noch für sich zu nutzen. Buchcover an sich sind also bereits reinste Inspiration. Keine andere Ware hat so viele Facetten und immer wieder neue Themen wie Bücher. In einer Buchhandlung herrscht eine Themenvielfalt, von der jeder Kreative nur träumen kann. Sie müssen sich nur inspirieren lassen und die Themen erkennen. ›Kochbuch‹ ist keine besonders ausgefallene Idee zur Dekoration, nehmen Sie lieber ›Landhausküche‹ oder ›Desserts‹ oder ein Trendthema aus der Kochbuchabteilung.

Überlegen Sie immer zuerst: Womit möchte ich meine Kunden verführen? Welche Geschichte möchte ich erzählen? Was kann ich gut in einer Dekoration umsetzen? In einem Drogeriemarkt beispielsweise werden Sie es nie erleben, dass Papiertaschentücher oder Spüllappen im Schaufenster stehen, nur um zu zeigen, dass man diese Produkte hier

Ein Buchcover wird zum ›Star der Inszenierung‹ und dient als Ideenvorlage für die Schaufensterdekoration. Das Cover ist als Plakat ausgedruckt. Die Plastiktüte des Buchcovers steht im Mittelpunkt der Gestaltung. Das Thema wurde plastisch umgesetzt, indem mehrere Plastiktüten auf Kleiderbügeln aufgehängt und zur Gruppe arrangiert sind. Die Holzpalette unterstreicht das Upcycling-Thema.

kaufen kann. Nein, statt dessen werden die neuesten Parfümkreationen vorgestellt, die neue Pflegeserie oder die Trend-MakeUp-Farben – alles Dinge, zu denen eine Geschichte erzählt wird: von Verführung, Schönheit und dem guten Gefühl, begehrt zu werden. Schauen Sie sich gut gemachte Kino- oder Fernsehwerbung an. Bacardi Rum verkauft keinen Alkohol, sondern das Lebensgefühl von Spaß, Erotik und Urlaub.

Werbung funktioniert auf der Basis von Wünschen, Emotionen, Fun und Freude. Genauso funktioniert auch erfolgreiche Schaufensterwerbung. Also: **Verkaufen Sie in Ihren Fenstern keine Bücher, sondern Emotionen und Wünsche.** Verkaufen Sie kein Kochbuch, sondern die Idee der gelungenen Einladung oder die Sinnlichkeit des Essens. Greifen Sie sich einen neuen Romantitel heraus. Achten Sie auf ein aussagekräftiges Cover und ein Layout, das sich problemlos als Blickfang gestalten lässt. Setzen Sie diesen daraufhin gekonnt in Szene – anstatt das ganze Schaufenster unter das Thema ›Hier werden Bücher verkauft‹ oder ›Neuerscheinungen‹ zu stellen. Wird nur ein Titel in den Mittelpunkt gestellt, ist es leichter, abstrakt zu arbeiten und dann das Schaufenster in Farbgestaltung und Grafik auf den Buchtitel einzustellen. Das Ergebnis ist meist spannender als eine Schaufenstergestaltung, die unterschiedlichsten Covergestaltungen gerecht werden muss.

Erzeugen Sie Kontraste, bringen Sie Ihre Kunden zum Schmunzeln, spielen Sie mit dem Unerwarteten. Arbeiten Sie – wenn überhaupt – nur sehr zurückhaltend mit Schrift und Text im Schaufenster. In einem Textilfenster ist Schrift ein Kontrast und wenn es ein passender Text ist, kann er auch durchaus überraschend sein. In einem Bücherfenster ist Schrift weder überraschend noch ein Kontrast, es kann deshalb leicht zu einer Übermacht an Schrift kommen. Erwarten Sie nicht zu viel von Ihren Kunden. Viele eilen an Ihren Schaufenstern vorbei und können eventuell philosophische Gedankengänge, die hinter Ihrer Dekoidee stehen, nicht in ein paar Sekunden nachvollziehen. Mehr Zeit steht Ihnen aber nicht zur Verfügung, um die Aufmerksamkeit der Passanten zu gewinnen. Der erste Blick auf Ihr Schaufenster muss bereits das Interesse der Passanten wecken und zum Näherkommen verführen.

Gehen Sie einfach mit offenen Augen durch Ihre Buchhandlung und lassen Sie sich inspirieren. Schauen Sie sich die Buchcover an und lassen Sie sich durch die Farben verführen. Warum nicht zur Abwechslung mal ein Schaufenster zum Thema ›blau‹ nur mit blauen Büchern dekorieren? Überlegen Sie sich bereits beim Einkauf, wie Sie besondere Titel präsentieren wollen. Eine Fülle von Ideen finden Sie auch in Zeitschriften, wie Modeheften, Wohndesignzeitschriften oder Lifestyleheften oder im Internet, beispielsweise unter ›Pinterest‹. Seien Sie offen für Neues, lassen Sie sich auf das Ungewöhnliche ein – dann werden auch Ihre Schaufenster neu und überraschend sein.

Die Natur als Ideengeber

Wenn Sie mit wachem Blick durch die Natur gehen, werden Sie eine Fülle von Materialien und Ideen finden, die fast nichts kosten. Knorrige Wurzeln oder bemooste Zweige zum Beispiel, Schilf, Steine oder Maiskolben. Sie müssen sich zu den Materialien nur noch die passende Geschichte einfallen lassen. Vielleicht können Sie das Schilf mit Bildbänden über Aquarellmalerei verbinden? Oder die bizarren Wurzeln schwarz streichen und mit Schwarzweiß-Fotographie-Bildbänden kombinieren?

Einen wichtigen Grundsatz müssen Sie bei allen Überlegungen aber beachten: Die Menge der verwendeten Requisiten muss im Verhältnis zur Größe der Requisiten und zur Schaufenstergröße stimmig sein. Das bedeutet: Ein Stuhl kann unter Umständen genug Blickfang für ein kleines Schaufenster sein, aber drei Maiskolben sind noch lange keine Requisite für ein Schaufenster – auch nicht für ein kleines. Um den Betrachter zu überraschen und eine Geschichte zu erzählen, müssen Sie den kompletten Schaufensterboden mit Mais auslegen oder die gesamte Rückwand mit Maiskolben bekleben und zusätzlich noch Ketten mit Maiskolben abhängen. Wenn Sie dann noch passende Bücher dazu finden, ist Ihre Dekoration perfekt. Diese Dekorationsidee würde sich auch als Bücherherbst eignen, indem Sie jedes Schaufenster mit anderen Herbstmaterialien wie Mais, Kastanien, Laub, Moos, getrockneten Sonnenblumen usw. ausgestalten, den Text ›Bücherherbst‹ oder ›Herbstimpressionen‹ mit Klebebuchstaben an die Scheibe kleben und dann die neuesten Bücher farblich abgestimmt dazu präsentieren.

Aber Vorsicht: Falls Sie Naturmaterialien für Ihre Schaufensterdekoration verwenden, müssen diese gut gesäubert und getrocknet werden, da Sie sich sonst Ungeziefer, Feuchtigkeit, Schimmel und beschlagene Scheiben in Ihr Schaufenster holen.

Ausflug auf den Schrottplatz

Auch auf Schrottplätzen und Recyclinghöfen gibt es hunderte von interessanten Details zu entdecken, die entweder als witzige Ergänzung zu einer Gesamtkomposition passen oder aber für sich bereits eine abstrakte Dekoration ergeben. Bizarr verrostete Eisenplatten könnten beispielsweise einen interessanten Hintergrund für eine Gestaltung zu einem historischen Roman abgeben. Oder Zahnräder in unterschiedlicher Größe und Form oder alte Dosen, die Sie im Schaufenster abhängen und die zu Designbildbänden passen könnten. Mit einem Berg verrosteten Draht oder mit Metallspänen, die am Boden gestreut werden, lassen sich Effekte erzielen, die zu allen abstrakten, kühlen Themen passen, so auch zu Fachbüchern. Bei vielen Schrottplätzen bekommt man diese Dinge kostenlos oder gegen ein geringes Entgelt. Ziehen Sie sich auf jeden Fall alte Kleidung an, und vergessen Sie nicht Ihre Arbeitshandschuhe! Brechen Sie auf zu einer entdeckungsreichen Expedition. Zusammen mit Kollegen oder Freunden, die Sinn fürs Bizarre haben, macht die Suche doppelt soviel Spaß.

Metallstangen oder Gitter lassen sich zu den unterschiedlichsten Themen als Blickfang einsetzen. Was auf den ersten Blick wie Abfall aussieht, wird bei näherer Betrachtung zur überraschenden Schaufensterdekoration.

Dekomaterial aus dem Baumarkt

Wer den Baumarkt nicht nur besucht, um Werkzeuge und Schrauben zu kaufen, sondern sich einfach mit offenen Augen treiben lässt, wird überrascht sein, welch kreativen Dekofundus er plötzlich in den Regalen entdeckt. Neben leeren Teppichrollen, die sich hervorragend als Säulen umgestalten lassen und die kostenlos zu haben sind, gibt es Holzstäbe aller Art und Form, Draht, Schläuche, Steine, Plastikplatten, dekorative Endlos-Gewindestangen, Holzabfälle, Styroporplatten usw. – selbstverständlich sind der Phantasie und der Abstraktion keine Grenzen gesetzt. Auch nützliche Dinge, wie Tapeten zur Rückwandgestaltung, Gitter, um Requisiten von der Decke abzuhängen, Werkzeug, Nägel und Schrauben sind im Baumarkt zu haben. Selbstverständlich auch Farben jeglicher Schattierungen in Form von Abtön- und Sprühfarben.

Holzstäbe, in der passenden Farbe gestrichen und in ein Schaufenster dekoriert, sind eine gute Basis, um kleinteilige Elemente, wie Blätter, Blüten, oder A4 Kopien (beispielsweise von Städtemotiven für ein Reisefenster), daran zu befestigen. Auch ohne große handwerkliche Kenntnisse und ohne eigene Werkstatt lassen sich mit etwas Geschick ansprechende Dekorationen zaubern.

Wo gibt es sonst noch Ideen?

Ideen finden Sie überall – im Prinzip an jeder Straßenecke. Sie müssen Sie nur erkennen. Ob im Kino, Theater oder im Asia-Shop – vieles lässt sich als Thema für ein Schaufenster umsetzen. Erstellen Sie einen monatlichen Dekoplan für ein Jahr im Voraus. Wenn Sie beim Lesen der Zeitung, beim Sonntagsspaziergang oder auf Reisen auf ein interessantes Thema stoßen, können Sie es in Ihren Dekoplan eintragen.

Sehr hilfreich ist es, unterwegs immer eine kleine Digitalkamera griffbereit zu haben oder das Smartphone zu nutzen. So können Sie sich Dekorationen in anderen Städten, Stillleben, die Sie entdecken, oder bestimmte Farben, die Ihnen ins Auge stechen, als Ideenhilfe festhalten und sich Ihre eigene Kreativdatei anlegen. Mit der Zeit werden Sie Ihr Auge schulen und im Alltag Dinge erkennen, die Sie vorher gar nicht wahrgenommen haben. Oder stellen Sie sich Sachen aus Ihrem normalen Umfeld in einer großen Stückzahl vor, beispielsweise einen weißen Stuhl. Wenn Sie diesem die Farbe rot, grün, schwarz oder pink geben und sich zehn Stühle in diesen Farben vorstellen, die in Reih und Glied oder aufgetürmt im Schaufenster stehen mit dem passenden Hintergrund und in Verbindung mit der Ware, die darauf, darunter und daneben dekoriert wird, können Sie eine Szenerie aufbauen.

Natürlich können Sie auch zu einem Fachmann oder einer Fachfrau gehen, die den Beruf ›Gestalter für visuelles Marketing‹ gelernt hat, und sich dort beraten lassen. Oder zu einem Gestalter für visuelles Marketing (Dekorateur). Sie können beispielsweise die Weihnachtsdekoration oder Highlights dekorieren lassen und das restliche Jahr über selbst dekorieren. Oder zusammen mit einem Dekorateur einen Ideen- und Dekorationsplan erstellen, den Sie dann selbst umsetzen. Möglichkeiten gibt es viele. Ausschlaggebend ist es, die für Ihr Geschäft beste Lösung zu finden. Ein Ideengeber liegt bereits vor Ihnen – das Buch, das Ihnen Dekoration in Theorie und Praxis aufzeigt.

4.1 Wünsche wecken – aber wie?

Sie haben es heute mit einem weitgehend gesättigten Markt zu tun, auf dem die Konkurrenz Bücher und Non-Books zum selben Preis anbietet. Und gegen das schier unendliche Warenangebot im Internet kommt der stationäre Händler sowieso nur schwer an. Für viele Unternehmen ist aber oft der Preis oder das Werben mit Rabatten das einzige Argument, um Kunden anzulocken. Der Nachteil dieser Strategie ist allerdings, dass

Stofftiere eignen sich hervorragend, um kleine Geschichten zu erzählen. Der Fisch drückt sich die Nase an der Scheibe platt, um nach draußen zu schauen und der Hase Felix kocht sich eine Mohrrübe zum Mittagessen.

dadurch die Ware in den Augen der Kunden an Wertigkeit verliert. Dasselbe Problem besteht bei Billigproduktionen von Verlagen und Pressestrategien im Modernen Antiquariat. Der Kunde verliert das Vertrauen in den Preis und ist nicht mehr bereit, für ein vergleichbares Produkt mehr zu bezahlen. Aber nur große Unternehmen können es sich leisten, mit Dumping-Preisen einen Verdrängungswettbewerb zu betreiben, bei dem Sie am Ende meist zwar Umsatz, aber keinen Gewinn mehr machen. Schlussverkäufe haben sicher Ihren Reiz, aber ›Dauerschlussverkäufe‹ erzeugen selbst bei Schnäppchenjägern auf Dauer nur Langeweile – ebenso wie Warenberge. Im Offline-Handel geht es mehr denn je um persönliche Ansprache, Individualität und Inspiration. Und genau diese Werte gilt es mit der Dekoration umzusetzen. Ihre Schaufenster müssen Aufmerksamkeit erregen, Wünsche wecken und die Passanten dazu verführen, Ihr Geschäft zu betreten.

Erzählen Sie Geschichten mit Ihren Schaufenstern, zeigen Sie das Besondere, setzen Sie Kontraste. Die Größe und Menge der Requisiten muss mit der Ware zusammenspielen und ein harmonisches Ganzes ergeben. Wie ein Regisseur müssen Sie sich über Inhalt, Wirkung und Aussage Ihrer Geschichte klar werden, um sie dann im Schaufenster umzusetzen. Dekoration ist mehr als nur das Zeigen von Ware im Schaufenster. Sie soll Lebensgefühl, Freude und Spaß vermitteln. Dekoration soll Ihre Ware und Ihr Geschäft aus der Masse herausheben. Um aus Ihrem Schaufenster ein Marketinginstrument bzw. einen Imageträger zu machen, müssen Sie den Mut haben, sich ab und an etwas Ausgefallenes zu leisten.

Um einen Wüstenbildband im Schaufenster zu inszenieren, können abgehängte halbtransparente Stoffbahnen in den unterschiedlichen Farbnuancen des Sandes ebenso zum Blickfang werden wie Stoff, der mit Hilfe von Ponal (Holzleim), verdünnt mit Wasser, zu abstrakten Dünen geformt und mit Sand beklebt wird. Das Buchcover als vergrößerte Farbkopie vervollständigt das Bild. So entsteht ein stilisiertes Schaufenster, das vor dem geistigen Auge des Betrachters die karge Landschaft der Wüste mit ihrer Faszination, ihrer einzigartigen Schönheit und ihren Geheimnissen entstehen lässt.

Solche und ähnliche Fenster dienen fast ausschließlich der Imagebildung Ihres Geschäftes, da die Anzahl der Passanten, die tatsächlich einen Bildband über Wüsten kauft, bestimmt geringer ist, als die Anzahl derer, die einen Mallorca-Reiseführer kauft. Das Schaufenster zeigt aber, dass Sie Mut zum Besonderen haben, dass Sie kreativ sind – und dies prägt sich im Unterbewusstsein ein. Wenn der Passant Ihr Geschäft betritt und statt des Bildbandes aus dem Schaufenster noch weitere Bücher kauft, dann haben Sie Ihr Geschäftsziel *Bücher zu verkaufen* erreicht.

Kleine Holzfiguren bringen Dynamik und Bewegung in die Inszenierung, wenn sie in gegenseitige Interaktion treten. Sie können Leitern erklimmen, auf Seilen balancieren, Bücher tragen oder einzelne Zettel fangen – je nachdem, welche Geschichte die Dekoration erzählt. Sie eignen sich hervorragend für Fachbuchthemen und lassen selbst ein eher trockenes Thema wie ›Lose-Blatt-Sammlungen‹ zum Blickfang werden.

Selbstverständlich werden Sie zusätzlich ›nützliche Schaufenster‹ mit Kochbüchern, Kinderbüchern oder Managementratgebern dekorieren. Aber auch zu diesen Themen lassen sich Geschichten erzählen: bei Büchern zum Thema Management beispielsweise die Geschichte von Ruhm, Erfolg und vom ›nach oben kommen‹. Mit Holzfiguren, die als Zeichenvorlagen dienen, lassen sich ganz wunderbare Geschichten gestalten. Für ein Schaufenster zum Thema ›Beruf und Karriere‹ können

Sie diese Figuren einfach an Leitern oder roten Holzstangen nach oben klettern lassen. Die nach oben gestreckten Arme zeigen Freude über den Erfolg. Die Farben Rot und Blau passen hervorragend zum Thema und Pfeile vermitteln das Aufwärts und die Dynamik. Man braucht nicht immer ein großes Budget, um Geschichten im Schaufenster zu erzählen und Wünsche zu wecken. Spielen Sie mit dem Thema und schaffen Sie greifbare Assoziationen.

Verwenden Sie für Ihre Ideensammlung die Strategie des Brainstorming. Nehmen Sie sich ein weißes DIN-A4-Blatt, schreiben Sie in die Mitte das Thema Ihrer Dekoration und sammeln Sie alle Begriffe, die Ihnen dazu einfallen. Schreiben Sie Farben, Materialien und Stimmungen auf, die zum Thema passen. Seien Sie offen und zensieren Sie sich nicht schon bei der Ideensammlung. Gehen Sie von gängigen Begriffen weiter ins Detail. Sie werden feststellen, welche Vielzahl von Begriffen Ihnen zu einem Thema einfällt. In Ihrem Kopf wird ganz automatisch eine Geschichte dazu entstehen.

BRAINSTORMING FÖRDERT DAS FINDEN VON IDEEN

HÖRBÜCHER

Kopfhörer, Ohren, Töne
Hören beim Autofahren, hören beim Kochen, beim Putzen, beim Bügeln
Besen, Kochtopf, Bügeleisen mit Kopfhörern
Hören in der Badewanne, MP3 am Strand, im Park, Zug/im Flugzeug
Lautsprecher vor dem Schaufenster, Vorlesen, ›Den persönlichen Geschichtenerzähler immer dabei‹
Sehschwäche, Lesebrille, ›Sie brauchen keine Brille mehr – es gibt jetzt Bücher zum Hören‹
Stimmung: entspannt, bequem, Wissen nebenbei aneignen, Zusatznutzen
Materialien: Auf das jeweilige Thema abgestimmt – ›Strand‹ oder ›Badewanne‹
Farben: Je nach Covergestaltung der Hörbücher – mehr kräftige Farben

KUNSTBILDBÄNDE

Maler, Atelier, Farben, Tuben, Malkasten, Kohle, Buntstift, Kreide, Pinsel, Palette, Staffelei, Leinwand, Papier, Modell, Bilder
Arbeitsmantel, alles voller Farbe, Hose, Schuhe usw., kreatives Chaos
Alter Raum, kleiner Ofen, Bohème, Fenster, Licht, Stillleben
Bilderrahmen, Museum, Stuhl zum Sitzen und Betrachten der Bilder
Skizzen im Café gezeichnet, Mappe mit Bildern, Straßenmaler, Farbpigmente
Vernissage, Ausstellung, Rotwein, Käse, Brot, Tasse mit Kaffee
Kunstraub, Alarmanlage, Sammler
Materialien: alter Holzboden, weiße Wände, natürliches Material
Farben: viele leuchtende Farben

Kreative Umsetzung der Ideen

Als nächsten Schritt müssen Sie entscheiden, welche Dinge, Assoziationen und Farben Sie aus Ihrer Ideensammlung umsetzen wollen. Überlegen Sie, was sich optisch gut mit einem vertretbaren Aufwand im Schaufenster umsetzen lässt. Welche Überraschungen und witzigen Details kann ich einbauen? Womit kann ich meiner Ware einen neuen Aspekt geben? Dabei müssen Sie natürlich immer die Größe Ihres Schaufensters berücksichtigen. Denn die von Ihnen eingesetzten Requisiten müssen im richtigen Verhältnis zur Ware und zum Raum stehen. Kann ich Bücher über Malerei in einem nachgestellten Maleratelier zeigen, weil ich eine große Fläche zur Verfügung habe, oder dekoriere ich die Bücher in schweren Goldrahmen, weil sich diese Präsentation auch für schmale Fenster eignet? Sie sollten aber nicht nur die üblichen drei Pinsel mit der Begründung dazulegen, Ihr Schaufenster sei zu klein. Kein Raum ist zu klein – oder zu groß – für eine gelungene Dekoration!

Mineralwasserflaschen oder Wassersäulen stehen für das Thema Wellness.

Die Dekoration der Designbücher wirkt durch Transparenz und Masse.

Wenn Sie ein Atelier nachbauen, lassen Sie Spielraum für die Phantasie des Betrachters. Der Maler muss nicht anwesend sein. In dem Atelier wird vielleicht eine kreative Unordnung herrschen, angefangene Leinwände auf einer Staffelei, Skizzen, ein Stapel mit Büchern, ein kleiner Tisch mit einem halbvollen Weinglas, ein Rest Baguette (bei Lebensmitteln immer Attrappen verwenden, um Schimmel und Mäusen vorzubeugen), offene Farbtuben, aus denen etwas Farbe quillt usw. Der Rest, wie der Maler aussieht, warum er nicht im Atelier ist, ob das Baguette und der Wein Reste vom Abendessen sind, entsteht im Kopf des Betrachters. Er denkt die Geschichte zu Ende und erweckt Sie zum Leben. Stellen Sie sich immer zuerst die Fragen:

- Wie lässt sich die Ware emotional aufladen?
- Welche Träume, Hoffnungen, Erwartungen verbindet der Kunde mit dem Produkt?
- Womit kann ich ihn überraschen?
- Womit bringe ich ihn zum Lachen?
- Was macht ihm Freude?
- Wie kann ich den Wunsch wecken, dieses Buch oder Produkt besitzen zu wollen?
- Wie kann ich den Passanten dazu bringen, mein Geschäft zu betreten und mein Kunde zu werden?

Nicht zu allen Themen lassen sich Geschichten erzählen. Und in der Praxis bleibt nicht für alle Schaufenster genügend Zeit und Budget. Ein einfaches Mittel, Akzente zu setzen, ist – wie bereits im Abschnitt *Die Natur als Ideengeber* beschrieben – das Spiel mit Farben und Mengen. Wenn Sie Gegenstände des täglichen Lebens aus Ihrem natürlichen Umfeld lösen und in großen Mengen auftreten lassen, können selbst einfache Dinge, wie Schwämme oder Eierkartons, zum Blickfang werden.

Nehmen Sie beispielsweise ein Wellness-Schaufenster. Wenn Sie einen oder zwei Schwämme in dieses Schaufenster legen, ist das kein Blickfang – nehmen Sie aber dreißig oder vierzig Schwämme, die sich vom Boden auftürmen und von der Decke hängen, oder Badebürsten, die mit Schwämmen Tennis spielen, dann wird der Schwamm zum Blickfang. Zum Thema Fitness gestalten Sie aus vielen Mineralwasserflaschen einen Blickfang.

Oder Sie färben Eierkartons und gestalten damit die ganze Rückwand und den Schaufensterboden. Hierzu dekorieren Sie Designbücher. Mit farbigem Wasser gefüllte Reagenzgläser werden plötzlich zur Dekoration, wenn es viele sind. Achten sie aber immer auf die richtige Menge im Vergleich zur Schaufenstergröße und Ware. Drei Reagenzgläser oder fünf Mineralwasserflaschen sind auch bei einem kleinen Schaufenster zu wenig. Auch eine Stoffbahn in einer kräftigen Farbe kombiniert mit farbigen Stäben kann zum Eyecatcher werden und Aufmerksamkeit erzeugen. Nutzen Sie stets die Dreidimensionalität des Schaufensters. Gerade bei Büchern, die durch Bild und Schrift stark zweidimensional sind, braucht es die dritte Dimension. Wenn Sie also nur Plakate als Hintergrund mit Sprechblasen oder aus Pappe ausgeschnittene Figuren und Gegenstände verwenden, können Sie in Ihrem Fenster kaum Spannung erzeugen und Ihrer Dekoration keine Tiefenwirkung verleihen.

4.2 Dekoration für alle Sinne

Über den optischen Aspekt der Warenpräsentation hinaus können Sie auch die anderen Sinne Ihrer Kunden ansprechen und sie dadurch inspirieren. Denn nicht nur das Sehen, sondern vor allem Gefühle und Stimmungen beeinflussen die Wahrnehmung. Ein Schaufenster in Blautönen wirkt beispielsweise kühler als eine Schaufensterdekoration in Rottönen. Im Sommer wird das blaue Fenster erfrischend wirken, im Winter bekommen Sie vielleicht eine Gänsehaut. Auch ein Stoff, der sich im Sommer leicht im Luftzug bewegt (im Schaufenster wird der Luftzug durch einen Ventilator erzeugt), verspricht Kühle und Erfrischung. Oder spielen Sie über einen Außenlautsprecher Musik oder Hörbücher ab, die

Ihre ausgestellten Produkte akustisch ergänzen. Der Passant wird stehen bleiben, innehalten und lauschen. Orangen, Zitronen, Äpfel und Blüten suggerieren Wohlgerüche, sodass Sie für die Nase fast wahrnehmbar sind. Was wir sehen, beeinflusst also auch unsere restlichen Sinne. Eine mit Plüsch bespannte Schaufensterrückwand lädt zum Streicheln ein, Lackfolie hingegen wirkt kühl und glatt.

Sprechen Sie mit der Dekoration die Sinne Ihrer Kunden an und setzen Sie dies in der Buchhandlung fort. Denken Sie an einen Waldspaziergang. Im Wald gibt es keine Langeweile. Da sind Licht und Schatten, unterschiedlichste Pflanzen, Geräusche, Gerüche nach Moos und Blüten, nach Tannen und Erde. Zu jeder Jahreszeit sieht das gleiche Waldstück immer wieder anders aus. Ein Waldspaziergang ist nie so ermüdend wie eine vergleichbar lange Strecke auf einer endlos erscheinenden asphaltierten Straße.

Auf das Schaufenster Ihrer Buchhandlung übertragen, bedeutet dieses Bild: Arbeiten Sie mit natürlichen Materialien und dreidimensionalen Dekoelementen (ein echter Koffer ist ansprechender als das Bild eines Koffers). Je nach gewähltem Thema kommen Holz, Stein, Metall und Stoffe zum Einsatz. Die Schwere und Kraft von echtem Material wirkt vor allem auf das Unterbewusstsein. Ein echter Stein hat eine andere Ausstrahlung und Masse als ein Styroporstein. Ein Holzfußboden wirkt nicht nur anders als Laminat, sondern ist auch besser belastbar. Regale mit Echtholzfurnier haben eine andere Aussage als Regale mit Kunst-

Im Wald gibt es viel zu entdecken. Es kommt nie Langeweile auf.

Die Ansicht einer Straße wirkt nicht sehr inspirierend und erfrischend auf die Sinne.

Echte Blumen in einer Buchhandlung schaffen Atmosphäre und Stimmung: wie ein ›Himmel‹ echter Amaryllis zeigt.

stofffurnier. Ein Großteil unserer Handlungen wird vom Unterbewusstsein gesteuert. Es nimmt Reize und Schwingungen auf und reagiert darauf. Es bestimmt, ob wir uns an Orten oder in Geschäften wohlfühlen oder nicht. Dies gilt nicht nur für die Dekoration im Schaufenster, sondern auch für den gesamten Verkaufsraum.

Feng Shui

Die Lehre des Feng Shui geht auf viele Aspekte und Kräfte ein, die das Unterbewusstsein beeinflussen. Eine Fußmatte mit Firmenlogo würde für das Unterbewusstsein bedeuten: Der Firmenname wird mit Füßen getreten. Durch Licht, Platzierung der Verkaufsmöbel, Wasser und Pflanzen können Sie eine positive Energie aufbauen und verstärken. In China wird vor jeder geschäftlichen Entscheidung oder Neueröffnung ein Feng-Shui-Experte zu Rate gezogen, der die Lage des Geschäftes und der Räumlichkeiten beurteilt. Denn die positive Energie Qi soll im Raum bleiben und kann durch verschiedene Faktoren beeinflusst und gelenkt werden. Auch in unserer Kultur wurde mit dem Wissen der Geomantie erfolgreich gearbeitet. Alte Kirchen beispielsweise sind an großen Kraftplätzen und an Schnittstellen geomantischer Linien errichtet. Die Kanzel lag auf Kraftpunkten und der Priester konnte diese Kraft unbewusst für seine Predigt nutzen. Ob mit oder ohne das Wissen von Feng Shui gilt: Je angenehmer und harmonischer die Atmosphäre ihres Geschäftes ist, desto länger ist die Verweildauer und die Kauflust Ihrer Kunden.

Übrigens: Auch mit Gerüchen können Sie direkt mit dem Unterbewusstsein Ihrer Kunden kommunizieren. Denn Düfte können wir nicht mit unserem Bewusstein an- und abschalten. Vielmehr lösen sie im Unterbewusstsein Erinnerungen und Gefühle aus, denen wir uns nicht entziehen können.

Denken Sie noch einmal an das Bild des Waldspaziergangs: Im Wald gibt es helle Bereiche und etwas gedämpfteres Licht. Im Laden wird durch unterschiedliche Strahler die Aufmerksamkeit des Kunden auf Ware und Dekoration gelenkt. Sie können eine Raumbeduftung einsetzen – passend zum Thema oder zur Jahreszeit. Vielleicht auch einmal leise Musik oder Vogelgezwitscher zum Gartentisch usw. Durch die wechselnden Inszenierungen im Geschäft wird es nie langweilig, und der Aufenthalt in Ihrer Buchhandlung wird zum Erlebnis. Ihr Laden hält, was die Schaufensterdekoration Ihren Kunden verspricht.

CHECKLISTE – KREATIVTÄT UND IDEENFINDUNG

( ) Gibt es ein Buchcover, das sich von Farb- und Layoutgestaltung als Ideengrundlage eignet?

( ) Erzählt das Schaufenster eine visuelle Geschichte?

( ) Sind Menge und Größe der Deko-Elemente optimal gewählt?

( ) Gibt es Alltagsgegenstände, die zum Thema passen und sich als Deko-Objekte eignen?

( ) Werden alle Sinne der Kunden angesprochen?

4.3 Interaktive Schaufenster

Die Digitalisierung schreitet in allen Bereichen unseres Lebens weiter voran und macht auch vor dem Schaufenster nicht halt. Digitale Lösungen im Schaufenster verbinden meist Online- und Offline-Shopping und eröffnen Passanten die Möglichkeit – unabhängig von den Ladenöffnungszeiten – bei einem Stadtbummel das gewünschte Teil direkt über das Smartphone am Schaufenster zu bestellen. Mithilfe von App, QR-Code oder Touchscreen bekommt der potentielle Kunde weitere Produktinformationen und kann die gewünschte Ware sofort kaufen.

Das technische Zusammenspiel von Kameras, Videoprojektoren, Sensoren, Flatscreens und Grafikprogrammen ermöglicht über Produktbeschreibungen und spezielle Lichteffekte hinaus effektvolle Inszenierungen im Schaufenster. Durch Bewegungen vor den Schaufenstern, beispielsweise durch Armbewegungen, Hüpfen, Springen, können Passanten eine interaktive Wand steuern oder sogar Gegenstände im Schaufenster bewegen und werden dadurch Teil der Inszenierung. Diese Art interaktiver Schaufenster leisten sich allerdings meist nur große Marken wie Diesel oder Nike und dienen ausschließlich der Image- bzw. Markenbildung. Bewegte Bilder und Lichteffekte sorgen immer für Aufmerksamkeit und ziehen die Blicke der Passanten an, vor allem bei abnehmendem Tageslicht in den Abendstunden, doch der Aufwand für diese Lösungen ist beachtlich. Etliche Firmen bieten jedoch dafür maßgeschneiderte Konzepte an, die unter dem Suchbegriff ›interaktive Schaufenster‹ im Internet recherchierbar sind.

Vor einer Entscheidung sollte allerdings immer die Frage gestellt werden, ob diese Art der Schaufensterwerbung zum CI des eigenen Geschäftes und seiner Zielgruppe passt. Möchte der Kunde, der sich für einen Einkauf im stationären Handel entscheidet, die Informationen zum gewünschten Buch an einem Touchscreen-Gerät selbst suchen oder durch eine kompetente Beratung im Geschäft? Als ›kostengünstige‹ Lösung einen Flachbildschirm im Schaufenster zu platzieren und Werbung einzuspielen, ist jedenfalls keine Innovation und wird der Schaufensterinszenierung meist mehr schaden als nutzen.

Interaktive Schaufenster ›für den kleinen Geldbeutel‹ bekommt man mit Drehtellern oder Motoren, die sich durch Bewegungsmelder oder Touchpoints an der Scheibe in Bewegung setzten. Und um Passanten nach Ladenschluss die Möglichkeit eines Online-Einkaufs vor dem Schaufenster zu bieten, genügt es, einen QR-Code an der Scheibe anzubringen, der per Link zum eigenen Webshop oder per Deep-Link direkt zu einer Spezialseite führt.

5 Farbe

Die Themen ›Farben‹ und ›Farbenlehre‹ füllen bekanntlich ganze Bücher. An dieser Stelle sollen deshalb einige Tipps und die wichtigsten Grundregeln im Umgang mit Farben erklärt werden. Farbe bringt Leben und Freude in unsere Welt. Mit Farben können Sie die Stimmung und das Wohlbefinden Ihrer Kunden beeinflussen. Denken Sie beispielsweise an die Farb-Licht-Therapie oder an die farbigen Essenzen des Aura-Soma, die im Wellness-Gesundheitsbereich erfolgreich angewandt werden. Damit Farben im Schaufenster die gewünschte Wirkung erzielen, müssen Sie den richtigen Farbton treffen. So kann die Farbe Blau kalt wirken, wenn Sie einen hohen Grünanteil enthält, sie wird aber wärmer, wenn mehr Rot in der Mischung vorkommt. Zitronengelb wirkt schrill, während Dottergelb warm wirkt usw. Wenn Farbe im Schaufenster richtig eingesetzt ist, wird sie zum Blickfang und nimmt Ihnen Arbeit und Zeit für aufwändige Requisiten ab. Farben geben dem Fenster Tiefe, Raumwirkung und Ausstrahlung. Damit sind sie die kostengünstigsten Dekorationsmittel überhaupt.

EINE ÜBERSICHT ZUM THEMA FARBWIRKUNG

BLAU Zustand des Träumens, beruhigend, Kühle, Frische, Vertrauen, Treue. Neben Rot die beliebteste Farbe in Deutschland.
Negative Aspekte: Kälte, Melancholie.

GRÜN Entspannend, harmonisierend, positiv-heilende Wirkung auf Körper und Seele, Hoffnung, Erneuerung des Lebens.
Negative Aspekte: Neid, Gleichgültigkeit.

GELB Sonne, wirkt anregend, heiter, fröhlich. Gelb/Schwarz als Warnfarbe, im Tierreich wie Rot als Warnung vor Gift (z. B. Hornissen).
Negative Aspekte: Rachsucht, Neid, Geiz, Egoismus.

ORANGE Anregend, heiter, warm. Rot und Gelb steigern sich in der Wirkung.
Negative Aspekte: Ausschweifung, Leichtlebigkeit, Aufdringlichkeit.

ROT	Wärmend, anregend, Appetit fördernd, erhöht den Stoffwechsel. Farbe der Gefühlsausbrüche, der Liebe, des Blutes. Negative Aspekte: Aggression, Wut, Zorn, Gefahr.
VIOLETT	Inspiration, Würde, Mystik, Magie. Negative Aspekte: Arroganz, unmoralisch.

Schauen Sie sich Buchcover an und überlegen Sie, wie die Farbgestaltung in Verbindung zu dem Thema gebracht wurde. Welche Farben stehen für bestimmte Themen? Haben inhaltlich gut gemachte, aber schwer verkäufliche Titel neben grafischer Gestaltung, Schrift und Layout vielleicht einfach den falschen Farbton? Gartenbücher in grellem Rot würden sich wahrscheinlich genauso schwer verkaufen wie Bücher zum Thema Liebe und Partnerschaft in schrillem Grün. Nutzen Sie das Wissen der Farbwahrnehmung für Ihre Schaufenstergestaltung, und kommunizieren Sie das Thema bereits über die farbliche Gestaltung des Bodenbelages und einer Stoffbahn im Hintergrund.

Das Erstaunliche ist: Farben lösen unterschiedlichste, gleichzeitig aber auch vergleichbare Assoziationen in verschiedenen Kulturen aus. Schwarz steht in unserem Kulturkreis für Trauer, ein weißes Brautkleid für Jungfräulichkeit und Reinheit. In Indien hingegen steht Weiß für Trauer und Rot für Glück und Reichtum. Violett steht für Macht und Würde bei den Kardinälen, und Purpurrot signalisierte die Würde der Könige. Ein kräftiges Rot steht für Gefahr und ›Stopp‹ beispielsweise bei einer roten Ampel. Rot steht aber auch für reduziert und preisgünstig. Hier wird die Signalwirkung der Farbe für ›Stopp‹ = ›Achtung‹ für den Hinweis auf besonders günstige Preise genutzt. Farben setzen also persönliche und soziale Assoziationen frei und kommunizieren genauso wie Gerüche mit unserem Unterbewusstsein. Im Feng Shui werden Farben den fünf Elementen zugeordnet. Grün steht hier für Holz, Rot für Feuer, Gelb und Braun für Erde, Weiß für Metall, Blau für Wasser. Redewendungen wie ›schwarz sehen‹, ›blauäugig sein‹, ›gelb vor Neid werden‹, ›Grünschnabel‹ oder ›durch die rosarote Brille schauen‹ beeinflussen unser Verhältnis zu Farben. Um mit Farben zu arbeiten und die gewünschte Wirkung zu erzielen, muss man ihre Wirkung im Raum und die Gesetzmäßigkeiten des Farbkreises berücksichtigen.

Raumwirkung von Farben

Kühle Farben lassen Räume größer und weiter wirken als warme Farben. Ein blauer Raum wird also optisch größer wirken als ein roter. Verwen-

Das rote Quadrat auf blauem Grund wirkt vorgesetzt. Das blaue Quadrat auf rotem Grund wirkt zurückgesetzt. Der Blick geht in die Tiefe.

det man bei hohen Räumen dunklere Farben für Decke und Boden, so wird der Raum niedriger, bei hellen Farben wird der Raum höher und größer. Dieses Wissen kann auch im Schaufenster die Raumwirkung bewusst beeinflussen und verändern. Auf einer Fläche wirkt Rot immer als Vordergrund, während Blau in den Hintergrund tritt. Wenn Sie also beispielsweise Ihre Rückwand blau und die Seitenwände rot streichen würden, wird die Raumtiefe noch verstärkt.

Farbkreis

Angefangen bei LEONARDO DA VINCI über NEWTON und GOETHE bis hin zu ITTEN gab und gibt es viele Versuche, Ordnungssysteme für Farben zu suchen. NEWTON war der erste, der die Spektralfarben als Grundlage für seinen Farbkreis heranzog. Die Lücke zwischen Violett und Rot (die sich im Regenbogen nicht berühren können) schloss er mit Magenta. Die Spektralfarben beginnen mit Rot und enden mit Violett. Man kann sich die Anordnung der Regenbogenfarben leicht anhand des Wortes **ROGGBIV** (**R**ot, **O**range, **G**elb, **G**rün, **B**lau, **I**ndigo, **V**iolett) merken.

Beachtet man die Grundstruktur eines Farbkreises, so ergeben sich folgende Ordnungskriterien. Die drei **Grund-** oder **Primärfarben** (Rot, Gelb, Blau) in der Mitte bilden ein gleichseitiges Dreieck. In dem das Dreieck umgebenden Sechseck befinden sich die **Zweit-** oder **Sekundärfarben** (Orange, Grün, Violett), die sich aus der Mischung der Primärfarben ergeben. Das bedeutet: Blau und Gelb ergeben Grün, Gelb und Rot ergeben Orange, Rot und Blau ergeben Violett. Um das Sechseck schließt sich ein zwölfteiliger Farbkreis mit den Farben dritter Ordnung, die aus der Mischung der Primär- und Sekundärfarben entstehen: Gelb-

Farbkreis

Das grüne Quadrat auf rotem Hintergrund hat mehr Leuchtkraft.
Das grüne Quadrat auf gelbem Hintergrund hat weniger Leuchtkraft.

orange, Rotorange usw. Auf diese Art lässt sich jede Farbe anhand der Grundfarben durch Mischen herstellen.

Die im Farbkreis gegenüberliegenden Farben nennt man **Komplementärfarben**. Diese Farben verstärken sich gegenseitig und wirken kräftig und leuchtend. Allerdings können sie sich auch ›beißen‹, wenn sie im gleichen Verhältnis angewandt werden. Komplementärfarben sind: Rot – Grün, Blau – Orange und Violett – Gelb. Mit Komplementärfarben kann man starke Kontraste und Eyecatcher erzeugen.

Drei im Farbkreis nebeneinander liegende Farben nennt man **Farbfamilien**. Folgende Farbfamilien sind möglich:

Warum sollte man Farbfamilien kennen und wie wendet man sie an? Wenn Sie sich bei Ihrer Farbwahl auf Farbfamilien beschränken, entsteht Harmonie und Ruhe. Allerdings wirken diese Farbkompositionen oft zu ruhig – es entsteht Langeweile. Als Abhilfe dazu bringen Sie einfach eine Komplementärfarbe mit ins Spiel, beispielweise Rot als Komplementärfarbe zur Farbfamilie Blau - Grün - Gelb.

Farben beeinflussen die Dekoration bzw. die Aussage des Fensters erheblich. Aber auch Weiß ist nicht gleich Weiß. Es gibt Hunderte von verschiedenen Weiß- und Schwarztönen. Ebenso gilt es, bei Blau, Grün, Rosa oder Gelb den exakten Ton zum Thema zu treffen. Die farbliche Gestaltung Ihrer Schaufensterwände und des Bodens wird den Gesamteindruck verändern. Egal ob Sie mit Stoffbespannung oder Farbe arbeiten, die Wirkung wird die gleiche sein. Wenn Rückwand und Boden im Fenster nicht zu verändern sind, können Sie notfalls mit farbigen Stoff- oder Papierbahnen arbeiten.

Nicht nur die verwendete Hauptfarbe, sondern auch Nebenfarben spielen in der Gestaltung eine große Rolle. Türkis beispielweise wirkt in Verbindung mit Gelb fröhlich, in Verbindung mit Blau kühl. Gelb in Verbindung mit Schwarz wirkt eher aggressiv.

Der Umgang mit Farbe braucht viel Übung. Als Hilfsmittel empfiehlt sich ein RAL oder Pantone Farbfächer. Diese Farbfächer zeigen nicht nur

Dieses Schaufenster in Pink und Violett strahlt vor Lebensfreude. Die Farbquadrate nehmen die Form des Buchcovers auf.

Die kontrastierenden Farben rot und blau setzen Akzente und bringen die Gestaltung zum Leuchten.

Rückwand und Bodenbelag dieses Schaufensters sind farblich auf die Produkte abgestimmt. Die aus Leichtschaumplatten geschnittenen Berg-Silhouetten nehmen den Farbkontrast Orange/ Blau auf und spiegeln die Farbgestaltung der Kalender wieder.

das ganze Spektrum an Farben auf, sondern es ist mit ihrer Hilfe möglich, in einer Druckerei oder einem Farbengeschäft den exakten Farbton mischen zu lassen. Eine gute Farbübung besteht darin, dass Sie sich farbiges Tonpapier in DIN-A3-Größe besorgen und unterschiedliche Buchtitel auf verschiedene Farben legen, um die Wirkung bewusst **sehen** zu lernen. Diese Technik dient auch der Inspiration und Entscheidungsfindung für eine Schaufensterdekoration.

CHECKLISTE – FARBE

( ) Wurde der exakte Farbton zum Thema getroffen?

( ) Hat die Farbe genügend Fernwirkung?

( ) Wurden Farbfamilien berücksichtigt?

( ) Wurden Farbkontraste angewandt?

( ) Ist die Farbe als Gestaltungselement eingesetzt und spart man dadurch Kosten für teure Deko-Elemente?

6 Licht

Licht lockt Leute! Sie brauchen Licht, um Ihren Schaufenstern Tiefe zu geben, um mit Schattenwirkungen arbeiten zu können und um bestimmte Stimmungen zu erzeugen. Das Schaufenster ist, genau wie eine Bühne, ein in sich begrenzter Raum. Mit Licht können Sie diesen zum Leben erwecken und dramatische Effekte erzeugen.

Licht macht Ihre Ware und Dekoration überhaupt erst sichtbar. Farben, die Sie im Schaufenster als Eyecatcher einsetzen, werden Ihre Schönheit und Leuchtkraft erst durch die richtige Beleuchtung entfalten. Durch Anstrahlen mit farbigem Licht können Sie diese Wirkung noch verstärken. Stroboskope, die Lichtblitze erzeugen, oder wandernde Lichtpunkte lenken die Aufmerksamkeit auf Ihre Dekoration und verstärken die Fernwirkung. Ein hell erleuchtetes Schaufenster weckt Interesse und lädt ein, näher zu kommen.

Um Ihr Schaufenster ins rechte Licht zu setzen, müssen Sie das Licht der Umgebungshelligkeit anpassen. Sie wissen, dass Sie nachts oder im Winter mit der Lichtausbeute einer Kerze bereits eine interessante Stimmung erzeugen können, während tagsüber Kerzenlicht kaum wahrgenommen wird. Genauso ist es mit Ihrer Schaufensterbeleuchtung. Auch wenn Sie mit Kunstlicht nicht gegen helles Tageslicht ankommen werden, so müssen Sie doch Akzente setzen. Sonst sind Ihre Schaufenster gerade im Sommer schwarze Löcher. Ohne Licht haben Sie eine hohe Spiegelung. Wenn Sie im Sommer das Licht im Schaufenster mit der Begründung »Es ist doch hell genug« ausschalten, können Ihre Kunden höchstens noch den Sitz ihrer Frisur überprüfen, von der Ware werden Sie aber wenig sehen. Es empfiehlt sich deshalb, eine Markise an der Außenfassade anzubringen, um im Sommer gegen das Sonnenlicht anzukommen. Gleichzeitig dient diese als Schutz der Ware vor Ausbleichen.

Im Winter können Sie mit Lichterketten in und um die Schaufenster eine romantische, weihnachtliche und stimmungsvolle Atmosphäre zaubern. Hier gilt: Lieber einige Lichterketten mehr als zu wenig verwenden. Je mehr Birnchen Lichterketten haben und je kleiner die Lämpchen der Lichterkette sind, desto intensiver funkeln und glitzern sie. Lichterketten sollten im Dekorationsfachhandel gekauft werden, denn diese sind meistens haltbarer und lassen sich sehr gut koppeln (oft können bis zu zehn

Das Licht, das in den Plexiglasplatten gebrochen wird, zaubert Lichtreflexe im Schaufenster und lenkt den Blick auf die Ware.

Lichterketten zusammengesteckt werden). Zudem steht eine größere Bandbreite an Länge und Größe der Birnchen zur Verfügung als im Supermarkt oder im Baumarkt.

Die Schaufensterbeleuchtung sollte immer eingeschaltet bleiben – es sei denn, Ihr Geschäft befindet sich in einem Bergdorf und Sie sind absolut sicher, dass sich außerhalb der Geschäftszeiten niemand mehr zu Ihrem Schaufenster verirrt. Kostenmäßig wird es bei einem gut durchdachten Beleuchtungssystem, das zwischen Tag und Nachtbeleuchtung unterscheidet, kaum ins Gewicht fallen, ob Ihr Licht von 1:00 Uhr bis 6:00 Uhr morgens abgeschaltet ist oder brennt. Bei angeschalteter Beleuchtung haben Sie aber den ›Internet-Effekt‹: Ihre Schaufenster arbeiten für Sie, auch wenn Sie nicht da sind, und Ihr Geschäft wirkt

Besteht die Möglichkeit in Absprache mit der Stadtverwaltung/Werbegemeinschaft eine zusätzliche Weihnachtsbeleuchtung anzubringen? Die 7 m große, beleuchtete Schneeflocke, die über der Fußgängerzone vor der Buchhandlung angebracht ist, lenkt die Blicke und Schritte der Passanten in Richtung des Geschäftes.

LED-System-Lichtervorhänge und mit Glitter-Folie bespannte Holzsterne lassen die Hausfassade weihnachtlich erstrahlen. Das Ende der einzelnen Lichtstränge ist zu kleinen ›Bällen‹ aufgerollt und setzt einen zusätzlichen Blickfang.

einladend und freundlich. Es hat im wahrsten Sinne des Wortes Ausstrahlung – und das 24 Stunden lang.

Nicht nur im Schaufenster, auch im Laden ist auf eine ausreichende und flexible Beleuchtung zu achten. Ebenso wie im Schaufenster, brauchen Sie neben einer Grundbeleuchtung auch hier Spots, um Akzente zu setzen und Dekorationen und Blickfänge zu betonen. Mit der richtigen Beleuchtung können Sie ›tote Ecken‹ in Ihrem Geschäft aufwerten und die Laufrichtung Ihrer Kunden gezielt steuern. Hierzu sind Lichtschienen geeignet, an denen Strahler flexibel eingesetzt werden können. Eine minimale Grundbeleuchtung wird auch nachts Ihren Laden attraktiv erscheinen lassen. Hierfür sollten Sie einen separaten Stromkreis einplanen oder auf neue technische Lösungen der Lichtplanung zugreifen.

In den letzten Jahren gab es in der Lichtbranche viele Neuerungen. LED-Leuchtmittel, angepasste Lichtsteuerungen und vieles mehr haben Einzug in den Ladenbau gehalten. Wie bereits im Kapitel Schaufensteranlage erwähnt (siehe Kapitel 3), ist es daher ratsam, sich vor der Investition für ein neues Beleuchtungskonzept über unterschiedliche Techniken und Möglichkeiten vor Orte zu informieren. Messen wie LIGHT+BUILDING in Frankfurt oder EUROSHOP in Düsseldorf bieten eine gute Möglichkeit, unterschiedliche Systeme im direkten Verglich zu erleben. Außerhalb der Messezeiten stehen Showrooms großer Lichtfirmen zur Verfügung.

7 Raumwirkung und Warenpräsentation

Man kann die Raumwirkung eines Schaufensters mit der Inszenierung auf einer Bühne vergleichen. Dennoch gibt es einen fundamentalen Unterschied. Auf der Bühne sitzen Sie auch in der ersten Reihe noch weit genug entfernt, um kleine Fehler, wie beispielsweise abgeplatzte Farbe bei der Requisite oder eine kleine Falte im Kleid, nicht zu sehen. Ganz anders beim Schaufenster. Zwischen der Dekoration und dem Betrachter liegt nur eine dünne Glasscheibe. Wenn Sie den Passanten erst einmal zum Stehenbleiben verführt haben, wenn er sich ›die Nase an der Scheibe plattdrückt‹, kann er alles im Schaufenster sehen – auch kleine Fehler und Nachlässigkeiten. Ein perfekt dekoriertes Schaufenster mit toten Fliegen oder Staubflusen in der Ecke oder einem leicht verblichenen Stoff als Bodenbespannung ist eben nicht perfekt dekoriert. Bedingungslos sauberes Arbeiten ist einer der wichtigsten Faktoren einer gelungenen Dekoration! Dabei dürfen Sie natürlich ab und zu schummeln und improvisieren, nur – der Betrachter darf dies auf keinen Fall merken. Alles, was für das Auge des Betrachters sichtbar ist, muss perfekt sein. Im Klartext: Es ist zweitrangig, wie die Rückseite einer bespannten Bodenplatte aussieht, Hauptsache die Bespannung auf der Vorderseite zeigt keine einzige Falte.

Geschmack, Mode und Stil sind in der heutigen Zeit oft schwer festzulegen. Die Mode ist kein Diktat mehr, jeder kann seinen eigenen Stil entwickeln. Doch auch wenn jeder seinen eigenen Geschmack hat, so gibt es trotzdem einige Grundsätze bei der Dekoration und dem Aufbau von Gruppen. Ob puristisch oder üppig Barock – im Schaufenster müssen Sie das richtige Verhältnis zwischen Raumgröße, Ware, Requisite und – ganz wichtig – dem ***Freiraum*** finden. Es fällt am Anfang schwer, das Gefühl für das richtige Maß zu entwickeln. Folglich neigen Neulinge oft zu einem ›Overstyling‹.

Obwohl Bücher gut eine etwas üppigere Dekoration vertragen können, ist manchmal eben weniger mehr. Es gibt sie, die Kunst des Weglassens, auch des Weglassens von Büchern bei einer Schaufensterdekoration. Die freien Flächen werden dann als Gestaltungselement eingesetzt, um die Aussagekraft der Dekoration zu verstärken und der Ware Raum zu geben, ihre Wirkung zu entfalten. In einer Zeit der Reizüberflutung, in

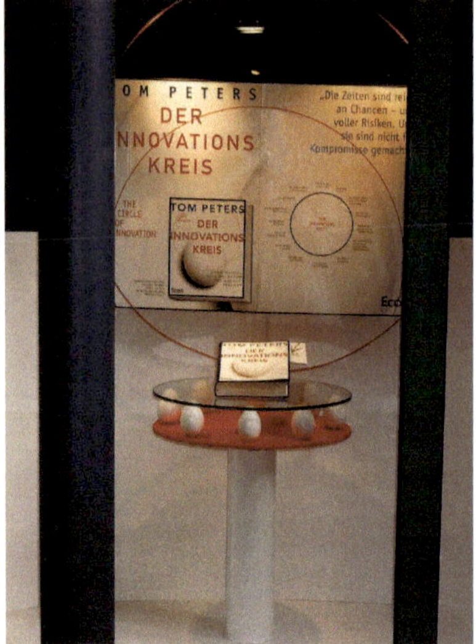

Diese beiden Schaufenster zeigen Kreativität und Originalität mit einfachen Mitteln.
Fenster links: Das Buch wird als Solitär dargestellt. Eine Glasplatte, die auf Eiern balanciert, gibt dem Betrachter das Gefühl von Wagnis – wird die Konstruktion halten? Der rote Kreis erzeugt Aufmerksamkeit.
Fenster rechts: Eine aufwändige Konstruktion aus gewebten Zeitungsstreifen bedeckt den Boden des Pressefensters und wird als Vorhang eingesetzt.

der jeder alles hat, ist es eine hohe Kunst, die Aufmerksamkeit der Passanten zu gewinnen und mit Stil, Kreativität und Individualität eine Geschichte im Schaufenster zu inszenieren. Vergessen Sie nicht, Ihre Dekoration zeigt nicht nur das Warenangebot, sondern spiegelt die CI Ihres Hauses wieder und hebt Sie von Ihren Mitbewerbern ab.

7.1 Gruppierung und Reihung

Nun betritt der Hauptdarsteller des Schaufensters die Bühne: die Ware bzw. das Buch. Ihr Ziel ist es, Ihre Bücher möglichst vorteilhaft zu präsentieren. Dazu müssen Sie eine stimmige Komposition schaffen.

Wenn Sie in Ihrem Schaufenster möglichst viele Bücher wahllos verteilen, werden Sie das Auge des Passanten schlicht überfordern. Er wird die Übersicht verlieren und in den meisten Fällen die Flucht ergreifen bzw. weitergehen. Um das zu verhindern, müssen Sie die Bücher zu einzelnen Gruppen zusammenstellen. Suchen Sie nach Ordnungskriterien für Ihre Gruppen, die ›freundlich‹ zu den Augen Ihrer Kunden sind. Stellen Sie sich vor, Sie dekorieren ein Fenster zum Thema Italien. Sie können die Gruppen nach Farbharmonie der Buchcover zusammenstellen. Oder Sie können eine Gruppe mit Büchern über Rom, eine Gruppe Toskana und eine weitere zum Thema Gardasee zusammenstellen. Überlegen Sie sich, von welcher Zusammenstellung Ihr Kunde am meisten Inspiration und Nutzen hat. Was ist für Ihre Kunden – also für ›Nicht-Buchhändler‹ – am übersichtlichsten? Eine andere Möglichkeit besteht darin, Romane, Reiseführer und Kochbücher zum Thema Italien jeweils zu einer Gruppe zusammenzustellen. Oder Sie bilden aus einer Reihe eines Verlages eine Gruppe. Keine gute Idee ist es hingegen, alle Merian-, Baedeker- und DuMont-Reiseführer in Gruppen anzuordnen und innerhalb der jeweiligen Gruppe Rom, Toskana und Gardasee zu mischen. Diese Anordnung hat nur geringen Kundennutzen und bringt keine Übersichtlichkeit.

Beim Aufbau einer Gruppe beginnt man immer mit dem Schwerpunkt – dem optisch dominantesten Buchcover, also dem ›Star der Inszenierung‹. Dieser ist oft mittig, am höchsten und im Fenster an dem Punkt platziert, der am weitesten zurückliegt. Um eine harmonische Gruppe zu gestalten, fügen Sie von der Mitte aus rechts und links weitere Teile an, die in Höhe und Tiefe rechts und links unterschiedlich sind.

Um das Auge des Kunden zu führen, ist es sinnvoll, die Gestaltung in einem gedachten Dreieck anzulegen. Ob das Dreieck gleichschenklig oder ungleichschenklig ist, spielt keine Rolle. Der Augenkontakt beginnt beim Schwerpunkt der Gestaltung und wird von einem Buchtitel zum nächsten gelenkt – ohne abzuschweifen.

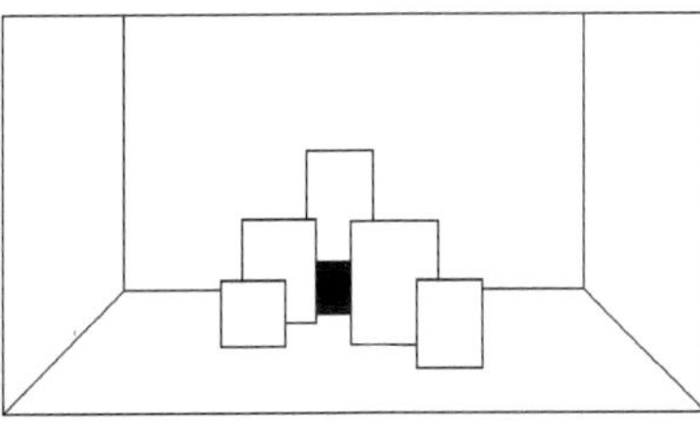
Eine Gruppe strukturiert das Warenangebot und fördert die Transparenz.

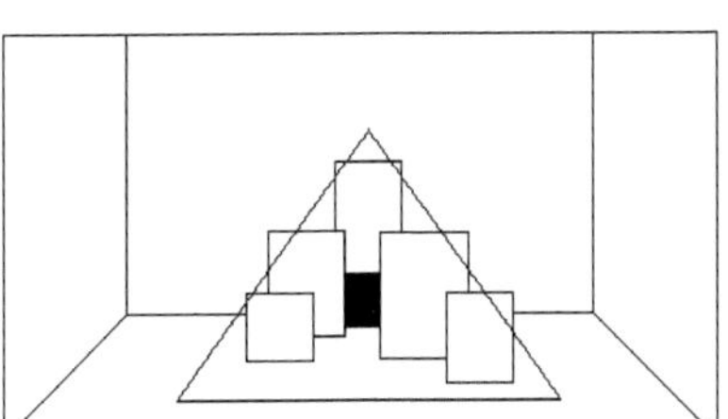
Als Dreieck gedachte Gruppe bewirkt positive Spannung.

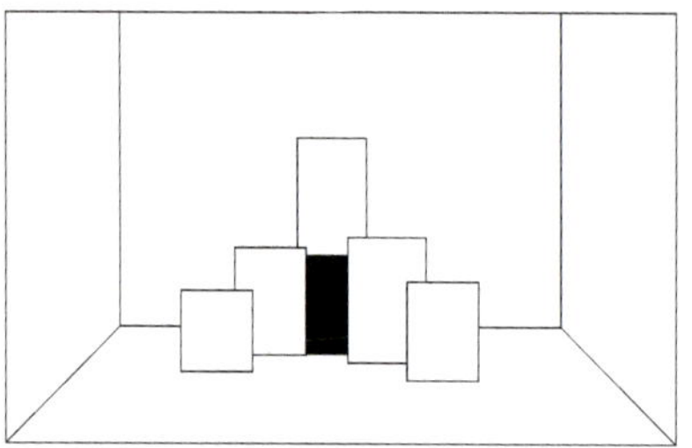

Richtig: Gruppe mit Überschneidung und Hoch-Tief-Kontrast.

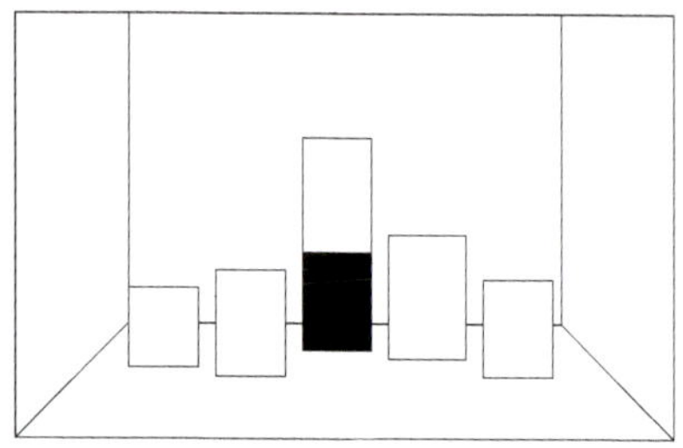

Falsch: Keine Überschneidung innerhalb der Gruppe.

Ein weiteres wichtiges Gestaltungselement innerhalb einer Gruppe ist die Schnittmenge der einzelnen Teile. Anfänger sind bei der Überschneidung meist zu zaghaft. Aber gerade die Schnittmenge bringt Spannung und Tiefe in Ihre Gestaltung. Die Überschneidung einzelner Bücher gibt der Gruppe Halt und fügt die Einzelteile zu einem Ganzen zusammen. Ein weiterer interessanter Aspekt der Überschneidung ist die scheinbare Bewegung der Ware. Wenn sich der Passant an Ihren Schaufenstern mit Blick auf eine Gruppierung weiterbewegt, entsteht für ihn durch das sich verändernde Bild Bewegung im Schaufenster. Allerdings ist darauf zu achten, dass kein wesentlicher Teil des Buchtitels oder der Grafik von einem anderen Buch verdeckt wird.

Die beiden Ordnungsprinzipien ›Gruppierung‹ und ›Reihung‹ lassen

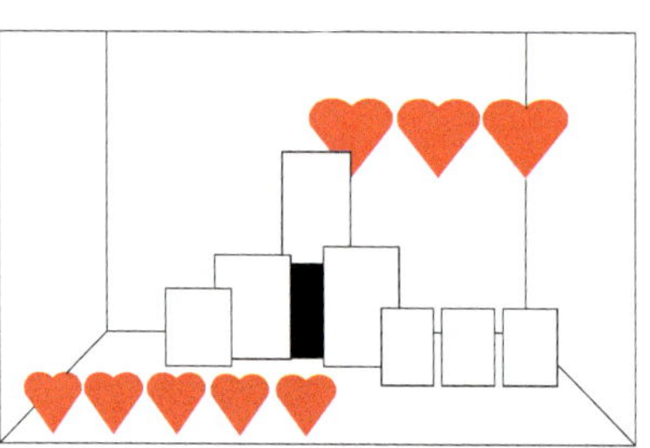

Reihungen, die vorne und hinten platziert werden, verstärken die Wirkung.

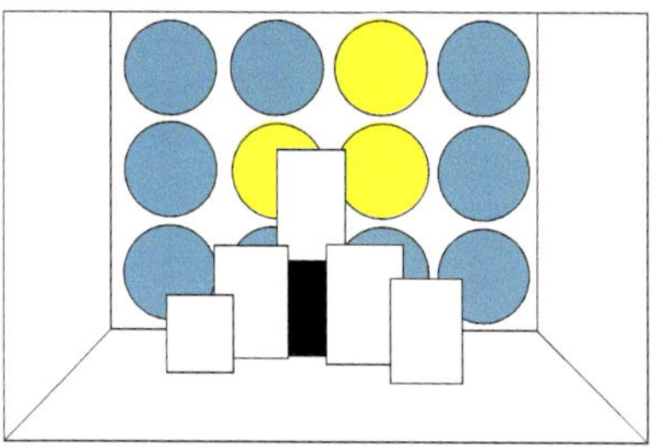

Objekte oder Formen, die zu Reihen angeordnet sind, können die Rückwand zum Eyecatcher machen.

sich gut miteinander verbinden. Bei Requisiten gleicher Form, Größe und Farbe wird durch die Anordnung in Reih' und Glied die Wirkung verstärkt. Reihen können genau wie Gruppen für eine gezielte Blickführung sorgen. Die Abstände zwischen den Objekten müssen in diesem Fall optisch gleich sein, sonst wirkt die Reihe unordentlich und unruhig. Reihen – auch solche, die zu Mustern zusammengesetzt sind – eignen sich sehr gut zur Hintergrundgestaltung und können die Schaufensterrückwand zum Blickfang machen. Bei Buchschaufenstern müssen Sie allerdings darauf achten, dass die Rückwand nicht zu unruhig wird und damit zu stark von der Ware ablenkt.

Im Rahmen einer Gesamtkomposition arbeitet man immer mit Kontrasten. Das bedeutet: Schwarze Pullover können als Kontrast gut eine unruhige bunte Rückwand vertragen, während bunte Bücher als Kontrast einen ruhigen Hintergrund brauchen.

7.2 Gesetze des Sehens

Die Natur ist harmonisch im Ungeraden. Wenig in der Natur ist gradlinig und in absoluter Symmetrie – und doch ist alles in einem harmonischen Miteinander verbunden. Denken Sie beispielsweise an Friedensreich Hundertwasser, der mit großem Erfolg in seinen Kunstwerken und seiner Architektur mit der Natur nachempfundenen ungeraden Formen gearbeitet hat.

Durch einzelne Gruppen und Freiflächen ist es möglich, viele Bücher übersichtlich zu präsentieren. Podeste bringen Dynamik in den Aufbau.

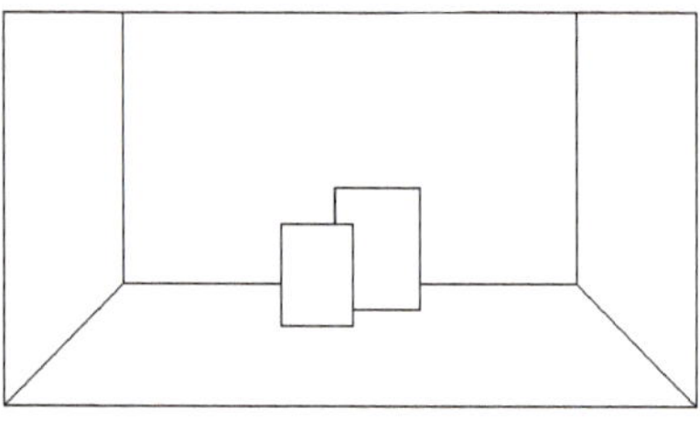

Eine Gruppe mit nur zwei Objekten wirkt unharmonisch.

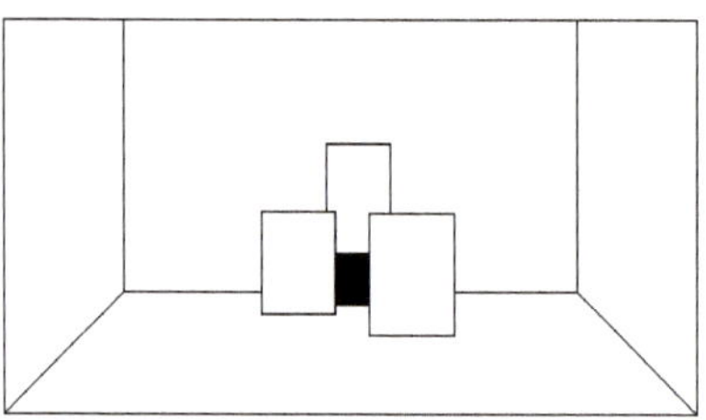

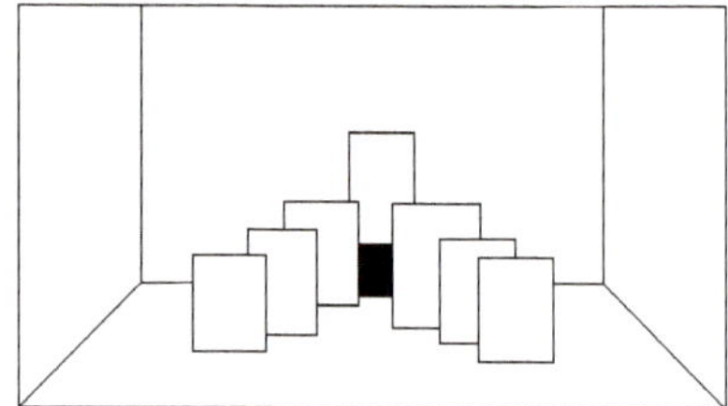

Drei oder sieben Objekte *(rechts)* in einer Gruppe sind harmonisch.

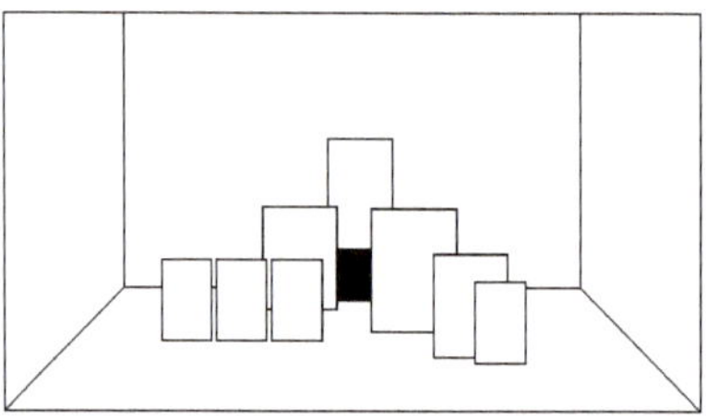

Acht Objekte sollte eine Gruppe nicht übersteigen.

Auch die Sehgewohnheiten unserer Augen beruhen auf ungeraden Mengen. Gruppen mit 3 – 5 – 7 oder 8 (3 + 5) Teilen sehen wir als harmonisch an. Es ist nachgewiesen, dass unser Auge nicht mehr als fünf Teile gleichzeitig differenziert wahrnehmen kann. Um eine Übersichtlichkeit zu gewährleisten und das Auge des Betrachters nicht zu verwirren, sollte eine Gruppe fünf, maximal acht Teile nicht überschreiten.

Um Ihre Dekoration optimal zu platzieren, sollten Sie sich an der Augenhöhe des Betrachters orientieren. Die durchschnittliche Augenhöhe ist auf ca. 1,70 festgelegt. Das bedeutet für Ihre Gestaltung: Der Blickfang sollte sich, ausgehend von der Betrachterhöhe vor dem Schaufenster, etwa in dieser Höhe befinden. Das Auge wird von dort weiter zur Ware geführt. Ist der Blickfang zu hoch, zu tief oder ist er im falschen Verhältnis zur Ware angesetzt, wird die Wirkung geschmälert. Ihre Dekoration kommt nicht zur Geltung und die Blickführung zur Ware bricht ab.

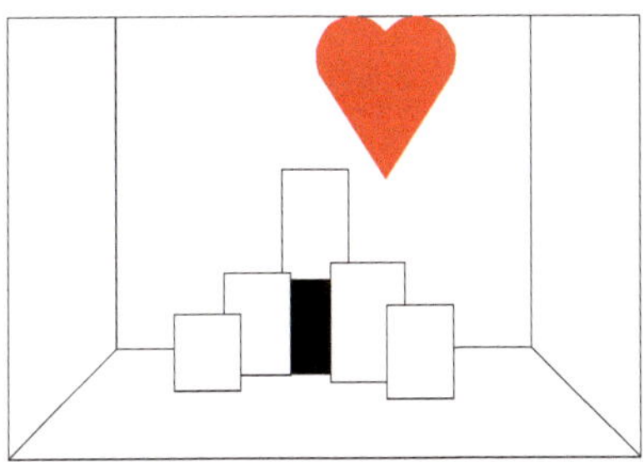

Der Blickfang hängt zu hoch.

Der Blickfang hängt zu tief.

Der Blickfang hängt proportional richtig.

Die richtige Balance finden

Angefangen beim Aufbau einer Gruppe bis hin zur Gestaltung des gesamten Schaufensters – alles sollte sich in einem optischen Gleichgewicht befinden. Betrachten Sie zuerst den Gesamtaufbau des Schaufensters.

- Sind die einzelnen Gruppen so im Fester platziert, dass ein Gleichgewicht vorhanden ist, oder kippt das Fenster optisch auf eine Seite?
- Wie ist die Verteilung von Ware und Beiwerk (Deko-Requisiten)?
- Steht die Größe oder Menge der Dekoelemente im Gleichgewicht zur Schaufenstergröße?
- Ist die Anordnung der einzelnen Objekte ausgewogen?

Achten Sie auf die optische Gewichtung der Buchtitel.

Schauen Sie sich die einzelnen Buchtitel an, die Sie zu einer Gruppe zusammenstellen möchten. Wie ist das optische Gewicht der einzelnen Buchtitel? Für diese Beurteilung ist – neben dem Volumen (der Größe und Dicke des Buches) – auch die Farbgestaltung (kräftige Farben sind dominanter als zarte/pastellige Farbtöne) und die Grafik (klare puristische Formen sind auffallender als zarte Blütenranken), zu beachten. Je-

Objekte wirken nicht nur durch ihre Größe, sondern auch durch Farbe und Form. Im Schaufenster sollten sich beide Seiten des Fensters in etwa im Gleichgewicht befinden.

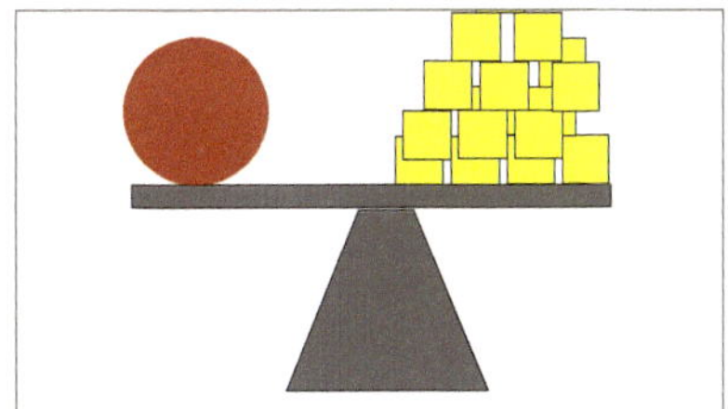

Kleinteilige Produkte erzeugen durch die Anzahl der einzelnen Teile ein ›optisches Gewicht‹. Für ein Gleichgewicht dürfen es nicht zu wenige, aber auch nicht zu viele sein.

des Detail ist ausschlaggebend dafür, ob das Gewicht im Aufbau gegeben ist oder nicht. Ist das Schaufenster im Ungleichgewicht, wird es im Unterbewusstsein des Betrachters als ›nicht stimmig‹ wahrgenommen. Dies beeinträchtigt die Werbewirkung Ihres Schaufensters.

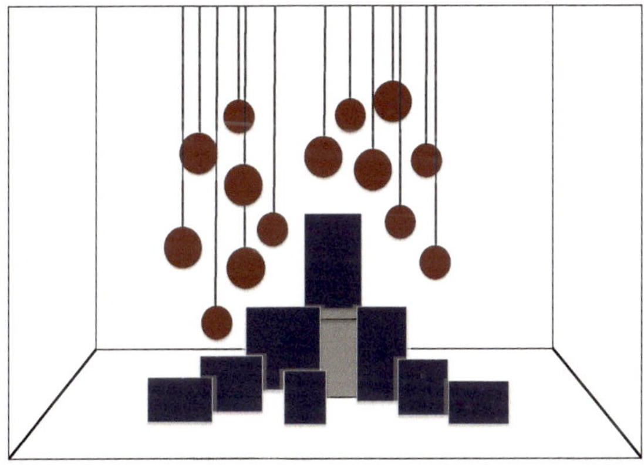

Kleinteilige Objekte werden durch Gruppierung zum Blickfang. Dabei kommt es auch auf das Verhältnis von der Menge der Einzelteile zur Größe des Schaufensters an.

Abbildung oben: Ausreichende Menge.
Abbildung unten: Zu wenige Objekte für eine optimale Wirkung.

Der goldene Schnitt - natürliche Harmonie

Der goldene Schnitt ist seit Jahrhunderten die Basis für Harmonie. In den Bildern alter Meister, wie bei ALBRECHT DÜRER oder LEONARDO DA VINCI, findet man immer wieder Beispiele für die Harmonie des goldenen Schnittes. Der goldene Schnitt wurde hier sicher nicht immer bewusst angewandt, er hängt aber mit unserem natürlichen Gefühl für Ästhetik zusammen.

Auch die Faszination harmonischer Formen in der Natur wird von gewissen Proportionen bestimmt., die zueinander im Verhältnis stehen. Der Mensch hat sich diese natürlichen Harmonieverhältnisse zu Nutze gemacht. In einer Teilung nach dem goldenen Schnitt verhält sich die kleinere Strecke **m** (Minor) zur größeren Strecke **M** (Major) wie die größere Strecke zum Ganzen (**AB**), oder **m** : **M** = **M** : **AB**.

Nehmen wir an **AB** = **1**, dann ist **m** = 0,382
M = 0,618
1,000

Diese Formel können Sie auch zur Berechnung anwenden, wenn Sie eine Schaufensterbreite von 5 m nach dem goldenen Schnitt teilen wollen:

5 × 0,382 = 1,91 = **m**
5 × 0,618 = 3,09 = **M**
5,00 = **AB**

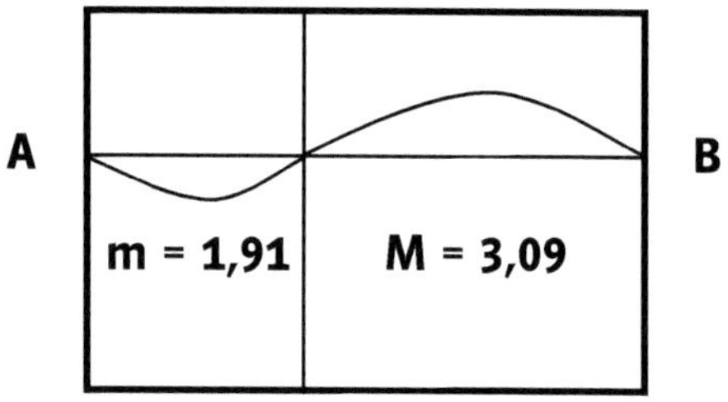

A
m = 1,91
M = 3,09
B

Relationen nach dem goldenen Schnitt.

Diese Formel können Sie anwenden, um die Rückwand Ihres Schaufensters mit grafischen Linien zu unterteilen oder um das optimale Größenverhältnis eines Podestes zu ermitteln.

In der Praxis werden Sie natürlich nicht jeden Punkt im Schaufenster berechnen können. Außerdem fallen viele Entscheidungen beim Dekorieren rein intuitiv. Entscheiden Sie selbst, ob und wo es für Sie von Vorteil ist, den goldenen Schnitt anzuwenden. Der goldene Schnitt ist zwar unerlässlich, um das Gefühl für harmonische Größenverhältnisse zu entwickeln, aber wenn Sie sich sklavisch daran halten, fehlt Ihrer Dekoration die Spontaneität und Leichtigkeit. Es gibt eben keine Regel ohne Ausnahme.

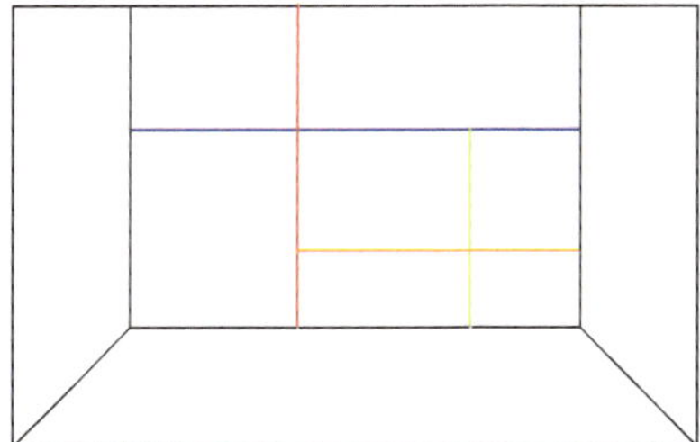

Gedachte Hilfslinien nach dem goldenen Schnitt unterstützen eine harmonische Anordnung im Schaufenster. Farbige Linien können als grafische Hintergrundgestaltung eingesetzt werden.

7.3 Dekoration mit System

Wenn Sie nicht schon bei der Ideenfindung oder Requisitenauswahl eine Faustskizze Ihrer geplanten Schaufensterdekoration gemacht haben, dann ist spätestens jetzt der Zeitpunkt dazu gekommen. Keine Angst, für eine Skizze müssen Sie nicht perfekt zeichnen können. Skizzieren Sie grob den Umriss Ihres Schaufensters, fügen Sie mit einigen Strichen Boden und Rückwand ein und versuchen Sie sich ungefähr an die tatsächlichen Proportionen des Fensters zu halten. Zeichnen Sie ein, wo Sie welche Requisiten platzieren wollen und deuten Sie die Ware mit einigen Strichen an. Fertig! Eine Faustskizze ist nur für Sie gedacht und soll

Eine Faustskizze ist der ›Rohentwurf‹ einer Skizze. Während eine Skizze sehr genau und perspektivisch fast perfekt gezeichnet ist, besteht eine Faustskizze nur aus den wichtigsten Gestaltungsmerkmalen, die grob dargestellt sind.

Ihnen helfen, Anordnung und Größenverhältnis der Dekoration zu überprüfen und die ungefähre Platzierung im Schaufenster festzulegen. Denken Sie bei der Anordnung des Blickfanges an die Haupt-Laufrichtung Ihrer Kunden. Nur dann hat der Blickfang auch Fernwirkung und kann seine Aufgabe – die Blicke der Passanten auf sich zu ziehen – auch erfüllen. Nun können Sie starten. Nehmen Sie Ihre Werkzeugkiste, Putzeimer und Staubsauger und begeben Sie sich in Ihr Schaufenster.

Nach umfangreicher Vorbereitung und Planung ist es jetzt ein Leichtes, zur Tat zu schreiten. Auch wenn Ihnen manches aus den letzten Kapiteln übertrieben und zeitaufwändig erscheinen mag – Dekoration ist Werbung und Marketing in dreidimensionaler Form. Auch eine Anzeigenwerbung braucht Zeit (obwohl nur zweidimensional) und lässt sich nicht mal eben schnell dazwischenschieben. Widmen Sie Ihrem Schaufenster die Zeit, die es braucht, und Sie werden erfolgreich verkaufen.

ARBEITEN MIT SYSTEM

- Fenster ausräumen,
- Boden und Schaufensterscheibe säubern (oder Fensterputzer einplanen),
- Rückwand gestalten,
- Boden neu bespannen,
- Requisiten platzieren,
- Von außen die Wirkung überprüfen (solange ein- und ausräumen, bis alles perfekt steht),
- Ware in die Komposition einfügen,
- Wirkung von außen überprüfen,
- Details ausarbeiten,
- Licht einstellen,
- Preise schreiben und aufstellen.

Hintergrund und Boden

Wenn das Fenster ausgeräumt und gereinigt ist, können Sie mit der eigentlichen Arbeit beginnen. Zuerst brauchen Sie einen Hintergrund. Entweder Sie haben flexible Platten, die Sie neu streichen oder bespannen, oder Sie hängen eine farbige Papier- oder Stoffbahn ab. Sehr hilfreich ist eine zweite Garnitur Platten, die Sie schon im Vorfeld anfertigen und dann nur noch austauschen. Als nächstes kommt der Boden. Auch hier haben Sie die Möglichkeit, mit stoff- oder folienbespannten Platten zu arbeiten. Nun müssen Sie entweder die Schuhe ausziehen oder Deko-Schuhe aus Stoff verwenden, die über die Schuhe gestülpt werden, denn sauberes Arbeiten ist wichtig. Als nächstes werden die Requisiten an der vorgesehenen Stelle platziert.

Um die Wirkung zu überprüfen, ist es jetzt an der Zeit, aus dem Schaufenster zu klettern und die Grundkomposition von außen zu betrachten.

- Stimmen Augenhöhe und Blickrichtung?
- Wirkt die Anordnung harmonisch?
- Erzielt das Fenster den gewünschten Effekt?

Am Anfang werden Faustskizze und Realität nicht immer übereinstimmen. Die Requisite wird im Fenster vielleicht zu groß oder zu klein wirken. Dann heißt es improvisieren, bis die Wirkung stimmt. Es ist leichter und zeitsparender, jetzt etwas am Grundaufbau zu verändern als später. Auch wenn es unbequem ist: Überprüfen Sie Ihre Gestaltung so lange, bis alles perfekt ist. Einige Zentimeter können Aussage und Wirkung einer Gestaltung erheblich beeinflussen. Achten Sie nicht auf Bequemlichkeit, sondern auf Perfektion. Investieren Sie lieber jetzt eine halbe Stunde mehr, als sich die nächsten Wochen über ein nicht ganz stimmiges Gesamtbild zu ärgern. Auch Ihre Kunden werden es Ihnen danken.

Ware und Freiräume

Wenn Sie alle Requisiten platziert haben, können Sie mit dem Hauptakteur beginnen: der Ware. Stellen Sie Ihre vorbereiteten Gruppen in Ver-

Bei einer gelungenen Dekoration stehen Ware, Requisite und Freiraum immer im richtigen Verhältnis.

bindung zu den Requisiten. Spielen Sie mit der Dekoration, und erwecken Sie Ihre Geschichte zum Leben. Beginnen Sie, wie bereits erwähnt, mit dem Aufbau einer Gruppe immer in der Mitte, mit dem Schwerpunkt der Gruppe. Dekorieren Sie dann rechts und links weitere Bücher dazu. Als Mittelpunkt wählen sie einen Buchtitel mit aussagekräftigem Cover, einer besonderen Farbe oder Größe. Ware und Requisite müssen im Zusammenhang stehen, sich überschneiden und gegebenenfalls berühren. Ein Stern beispielsweise, der einen Meter über den Büchern baumelt, hat keinen Bezug zur Ware. Wenn Sie die erste Gruppe platziert haben, halten Sie bitte für einen kurzen Moment inne und erinnern sich an die wichtigste Gestaltungsregel: **Freiräume nutzen!** Nutzen Sie den Freiraum als Wirkungsfläche und Gestaltungselement. Lassen Sie Platz zwischen den einzelnen Buchgruppen. **Bei einer gelungenen Dekoration stehen Ware, Requisite und Freiraum immer im richtigen Verhältnis.** Jede Komposition benötigt genügend Raum, um ihre Wirkung zu entfalten. Lassen Sie lieber Bücher im Regal – zu Gunsten der Gesamtkomposition. Jeder Kunde weiß, dass Sie im Geschäft auch Bücher führen, die Sie nicht im Schaufenster zeigen können.

Dekoration und Kreativität

Geben Sie nicht auf, wenn nicht jede Dekoration gleich beim ersten Versuch gelingt! Dekoration und Kreativität ist Übungssache. Geben Sie sich nicht mit der ersten Lösung zufrieden. Probieren Sie mehrere Möglichkeiten aus und entscheiden Sie, welche Anordnung die perfekte ist. Was ist harmonisch? Stimmt der Schwerpunkt oder kippt die Gruppe optisch?

Vergleichen Sie Ihre Dekoration mit einem Blumenstrauß. Auch einen Blumenstrauß kann man nicht auf einem Zeichenbrett entwerfen. Es ist zwar möglich ihn abzuzeichnen, aber beim Arrangieren des Straußes müssen Sie die Blumen in die Hand nehmen. Sie müssen hier eine Blüte ergänzen und dort eine wegnehmen, solange bis Sie einen harmonischen Strauß in Händen halten. Probieren Sie also aus, spielen Sie mit der Ware und schaffen Sie so eine verkaufsfördernde Dekoration!

Wenn alle Gruppen an ihrem Platz sind, ist es Zeit, ein zweites Mal vor das Schaufenster zu treten, um die Wirkung zu überprüfen:

- Stehen Deko-Requisiten und Ware in Bezug zueinander?
- Haben Sie genug Freiräume gelassen?
- Wie ist die Fernwirkung Ihrer Dekoration?
- Stimmt die Linien- und Blickführung? Steht alles gerade?
- Hat Ihre Dekoration genug Tiefe?
- Sind die Überschneidungen innerhalb der Gruppe vorhanden oder fällt die Gruppe auseinander?

Karibik-Träume: Kräftige Farben in orange und pink zeigen Sonne und Lebensfreude. Als Blickfang sind Orchideenrispen und eine Holzmaske dekoriert. Die Bücher sind zu übersichtlichen Gruppen zusammengestellt.

Preisauszeichnung

Jetzt bringen Sie die Preisschilder an, die Sie schon vorher geschrieben haben. Bei Ihrer Gestaltung gibt es unterschiedliche Möglichkeiten. Wenn Sie nur ein oder zwei Schaufenster zu dekorieren haben, können Sie die Preisschilder jeweils zur Dekoration passend gestalten und von Hand schreiben. Wer keine optimale Handschrift hat, kann mit einem Kalligraphiefüller gute Effekte erzeugen. Sie können neutrale weiße Preisschilder verwenden oder Sie benutzen Preisschilder mit Ihrem Logo. Natürlich können Preisschilder auch am PC ausgedruckt werden. Preissteckkästen sind in den letzten Jahren etwas aus der Mode gekommen.

Seit 2017 gibt es ein neues Urteil des Bundesgerichtshofes, dass die Preisauszeichnungspflicht im Schaufenster aufhebt. Dies bedeutet: Es ist künftig kein Verstoß gegen das Wettbewerbsgesetz, Ware im Schaufenster nicht auszuzeichnen. Im Falle einer Preisauszeichnung gelten aber die EU-Preisangaberichtlinien. Verkaufspsychologisch ist es von Vorteil, bereits im Schaufenster die Preise der ausgestellten Produkte klar zu definieren. Ein potenzieller Kunde betritt laut Studien das Geschäft lieber, wenn er bereits im Vorfeld weiß, wie viel die Ware kostet.

Beleuchtung

Ihr Schaufenster ist nun fast fertig. Abschließend müssen Sie nun die Strahler einstellen und Ihre Dekoration ins rechte Licht setzen! Leider wird dieser Punkt oft vergessen. Wenn Sie die Einstellung Ihrer Strahler nicht sorgfältig überprüfen, kann es leicht vorkommen, dass der Spot den Freiraum zwischen den einzelne Gruppen beleuchtet, weil bei der letzten Dekoration dort Ware stand. Die jetzigen Bücher stehen hingegen im Dunkeln. Probieren Sie, welche Einstellung für Ihre Dekoration optimal ist. Durch Licht lassen sich Blicke gezielt führen. Bitte denken Sie daran, dass Sie im Sommer mehr Licht im Fenster brauchen, um gegen das Sonnenlicht anzukommen und eine zu starke Spiegelung zu verhindern.

Beschriftung auf der Schaufensterscheibe

Bei manchen Themen ist es sinnvoll, die Dekoration durch einen Slogan, ein Zitat, oder einen Titel zu unterstreichen, den Sie als Schrift auf der Schaufensterscheibe anbringen. Es gibt viele Firmen, die Ihnen Texte in jeder beliebigen Schriftart, Größe und Farbe plottern. Zum Anbringen der Schrift auf der Scheibe gehen Sie folgendermaßen vor: Um die Höhe zu bestimmen, wird die Schrift mit Trägerpapier und Schutzfolie an die Scheibe gehalten und in der gewünschten Höhe mit einem Klebesteifen fixiert. Dann treten Sie einige Schritte zurück und überprüfen die Wirkung. Die Schrift sollte optisch in Bezug zur Dekoration stehen. Auch wenn die Schrift im Moment vielleicht zu viel Ihrer Dekoration verdeckt, nachdem Sie das Trägermaterial entfernt haben, wird sich dies ändern.

Wenn Sie die richtige Höhe bestimmt haben, nehmen Sie vom unteren Rand der Fensterscheibe Maß und markieren mit zwei kleinen Strichen – am besten verwenden Sie einen Filzstift, der sich trocken abwischen lässt – die Unterkante der Schrift. Jetzt ziehen Sie das hintere Papier ganz oder teilweise (je nach Größe der Schrift) ab, legen den Text mit der Unterkante der Buchstaben an Ihrer Markierung an und drücken ihn fest. Orientieren Sie sich dabei an Buchstaben, die unten als Strich enden (›n‹, ›m‹ etc.), am besten als Serife mit einem ›Strich-Füßchen‹. Denn Buchstaben mit Rundung, wie ›o‹ oder ›e‹ werden aus optischen Gründen leicht nach unten versetzt. Wenn Sie also ein ›n‹ an der einen und ein ›o‹ an der anderen Markierung anlegen, läuft Ihr Text schief. Jetzt können Sie das restliche Papier abziehen und gleichzeitig den Text langsam von unten nach oben an die Scheibe reiben. Achten Sie darauf, dass keine Blasen entstehen. Achtung! Wenn die Buchstaben einmal kleben, können Sie nicht mehr entfernt werden, ohne beschädigt zu werden. Am einfachsten ist es, Sie bitten eine Kollegin oder einen

Arbeitsschritte bei der Anbringung von Schrift

Die Dekoration wird von der Schrift an der Scheibe unterstützt und vervollständigt.

Kollegen um Hilfe. Dann kann der eine halten und Folie abziehen und der andere anreiben. Nachdem Sie die Klebebuchstaben mit einer Gummirakel genügend angerieben haben, entfernen Sie die obere Folie (Trägerfolie) von dem Text.

Werden großformatige Texte oder grafische Elemente auf die Scheibe geklebt, ist es einfacher, die Scheibe zuerst leicht mit Wasser anzufeuchten. Der Scheibentext haftet dann nicht sofort, sondern lässt sich noch verschieben bzw. vorsichtig wieder abziehen und korrigieren. Allerdings muss das Wasser mit einem Gummirakel herausgestreift werden. Vor dem Abziehen der Trägerfolie sollte man einige Zeit abwarten, bis der Text gut auf der Scheibe haftet.

Bei der Wahl der Schriftart und Farbe für Scheibentexte ist es sinnvoll, keine zu feine Schrift und eine helle Farbe zu wählen. Dunkle Farben (an der Scheibe ist schon ein normales Rot oder Grün dunkel) an der Schaufensterscheibe lassen sich schlecht lesen. Erfahrungsgemäß ist weiße Schrift am besten lesbar.

Natürlich muss der Text vor einer neuen Dekoration wieder entfernt werden. Das ist mit einem Fensterschaber leicht möglich. Die Buchstaben gehen dabei kaputt.

Um den Wiedererkennungseffekt Ihres Firmennamens zu fördern, ist es eine gute Idee, Ihren Firmennamen oder Ihr Logo seitlich in Augenhöhe an allen Schaufenstern anzubringen. Diese Schrift sollte allerdingsso klein und dezent gewählt sein, dass sie zwar wahrgenommen wird, aber nicht von der Dekoration ablenkt. Als Schriftgröße reichen 5 cm oder 7 cm völlig aus.

8 Arbeitstechniken

Dekorieren kann man als künstlerisches Arbeiten mit Materialien jeglicher Art verstehen. Hierzu gibt es unterschiedlichste kreative Arbeitstechniken, die sich in ›DIY-Büchern‹ (DIY = Do-it-yourself) ebenso wie im Internet finden, beispielsweise auf Youtube. Ob man Skulpturen aus Stoff und Holzleim fertigen möchte, mit Papiermaché arbeitet oder Betonobjekte gießt – bei Bedarf finden sich dort Anleitungen und Tipps. Für die tägliche Arbeit im Schaufenster brauchen Sie darüber hinaus einige handwerkliche Basics, die im Folgenden erläutert werden. Diese Arbeitstechniken machen einen Hauptteil der Arbeit im Schaufenster aus. Der Rest ist Kreativität, Improvisation und Neugier.

Bespannen

Das Bespannen von Bodenplatten, Rückwänden und Podesten gehört zum Deko-Alltag. Bespannen können Sie mit einem Hand- oder einem Elektrotacker, den es im Deko-Großhandel oder im Baumarkt zu kaufen gibt.

Zuerst wird der Stoff so zugeschnitten, dass genug Rand zum Umlegen und Bespannen bleibt (ca. 10 cm größer als die zu bespannende Platte). Sie beginnen an einer langen, geraden Kante in der Mitte. Hier wird der Stoff zuerst mit zwei Tackerklammern in einer Kreuzverbindung fixiert, das bedeutet eine Klammer parallel zur Platte und eine im rechten Winkel dazu. Von der Mitte ziehen Sie nun den Stoff auf die rechte und linke Seite nach außen und tackern ihn am äußeren Rand fest. Einige Klammern zwischen der Mitte und den Seiten, leicht schräg angebracht, vollenden die erste Seite. Stellen Sie sicher, dass das Webbild des Stoffes im rechten Winkel zur Kante ausgerichtet ist, bevor mit der gegenüberliegenden Seite fortgefahren wird. Nun müssen Sie den Stoff vor jedem Tackern mit der freien Hand zu sich spannen. Auch hier wird in der Mitte begonnen und zu den Seiten gearbeitet. Mit den beiden kurzen Seiten wird in gleicher Weise verfahren.

Große Sorgfalt erfordern die Ecken. Der Stoff wird an der Ecke zu einer Falte gelegt und schräg von der Ecke nach innen fixiert. Im zweiten

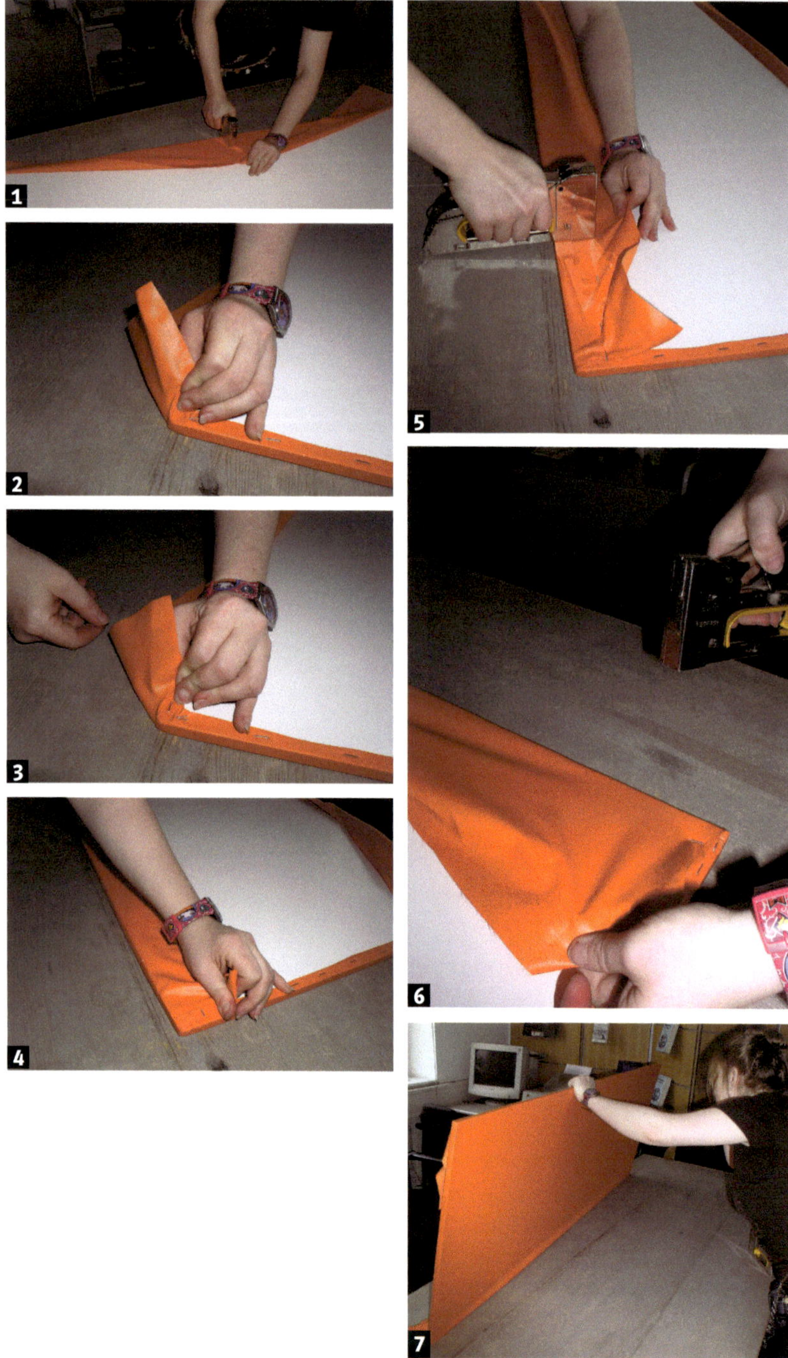

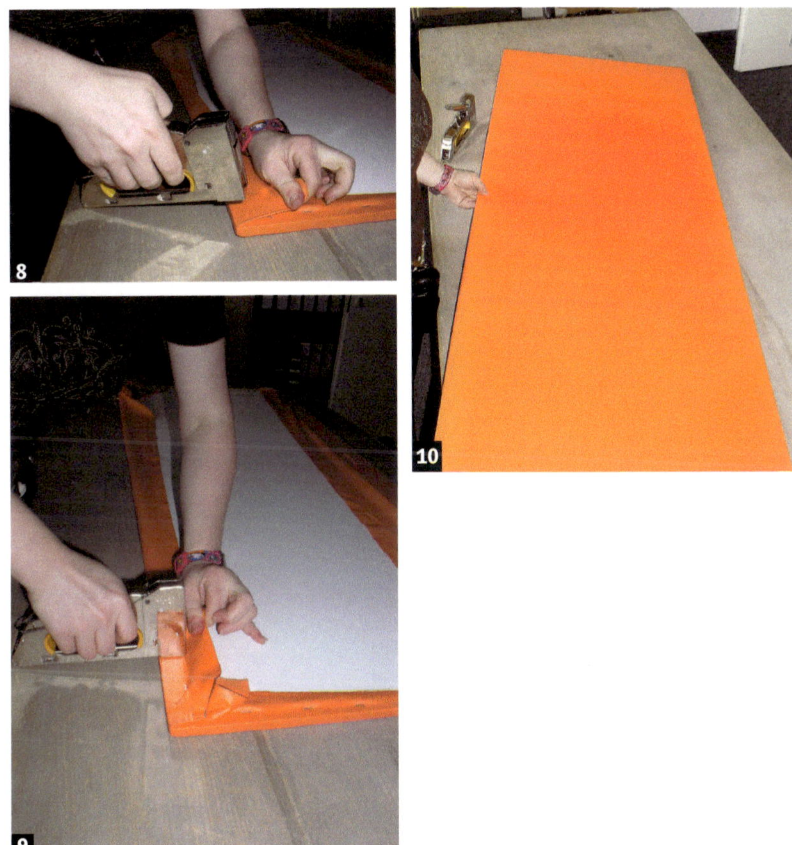

Schritt wird der verbleibende Stoff sauber darüber gelegt und mit zwei Tackerklammern befestigt. Die Platte ist perfekt bespannt, wenn keinerlei Falten oder Blasen auf der Vorderseite zu sehen sind. Mit derselben Technik lassen sich auch Podeste oder dreieckige Formen bespannen.

Aufziehen von Plakaten

Wenn ein mitgeliefertes Verlagsplakat nicht in einen Rahmen eingelegt oder mit Posterschienen aus Metall oder Kunststoff fixiert wird, muss es vor dem Aufhängen aufgezogen werden. Als Untergrund verwendet man heutzutage Leichtschaumplatten, die es im Deko-Großhandel oder bei speziellen Firmen zu bestellen gibt. Leichtschaumplatten gibt es in unterschiedlichen Stärken. Als Untergrund für Poster reicht eine Stärke von 5 mm aus. Am saubersten und schnellsten lassen sich Poster auf selbstklebenden Platten aufbringen. Dabei ist es am einfachsten, von der Mitte nach außen zu arbeiten. Sie können aber auch an einer Schmalseite beginnen und nach oben arbeiten. Bei der ersten Variante ritzen Sie mit dem Messer vorsichtig in das Deckpapier und legen einen Streifen der Klebeschicht frei. Richten Sie das Poster am unteren Rand gerade aus und drücken es in der Mitte auf der Klebeschicht fest. Vorsicht! Das Papier lässt sich anschließend nicht mehr entfernen und korrigieren. Nun wird die Schutzfolie auf einer Seite langsam abgezogen und das Poster gleichmäßig mit reibenden Bewegungen angedrückt. Achten Sie darauf, dass keine Blasen und Falten entstehen. Legen Sie zum Schluss das Deckpapier nochmals auf und drücken mit einer Rakel das Poster fest. Jetzt müssen noch die Ränder beschnitten werden und Ihr Plakat ist fertig. Als Befestigung reicht seitlich je eine Stecknadel aus, die in einer Perlonfadenschlaufe hängt. Bei dieser Schlaufenlösung können Sie das

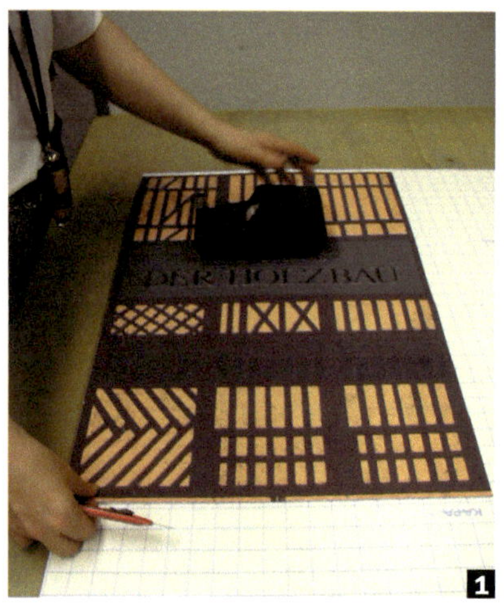

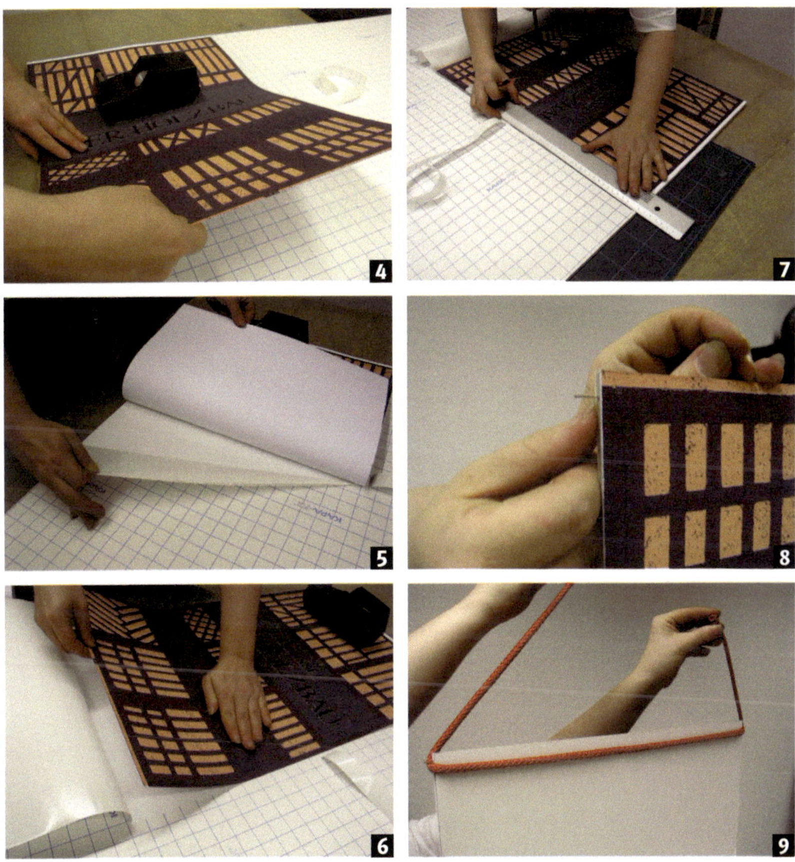

Plakat ganz einfach gerade ausrichten, ohne den Faden oder die Kordel mühsam neu knoten zu müssen.

Wenn Sie aus Kostengründen die Leichtschaumplatte mehrmals nutzen möchten, kann das nächste Plakat mit Sprühkleber aufgezogen werden. Das Poster wird auf der Rückseite mit Sprühkleber eingesprüht (legen Sie hierzu genügend großes Packpapier unter, damit der Tisch nicht mit Sprühkleber eingenebelt wird) und am unteren Rand der Leichtschaumplatte angelegt. Die andere Hand (oder eine zweite Person) hält die obere Hälfte des Plakates weiter hoch. Jetzt wird, genau wie bei der selbstklebenden Leichtschaumplatte, das Poster langsam Stück für Stück angerieben. Wer mit Sprühkleber arbeitet, muss wissen: Was einmal klebt, das klebt! Korrekturen sind nicht möglich. Ankleben und zum Korrigieren wieder abziehen können Sie Poster nur, wenn Sie mit Montage-Sprühkleber arbeiten. Dieser hält aber nicht so dauerhaft wie Sprühkleber.

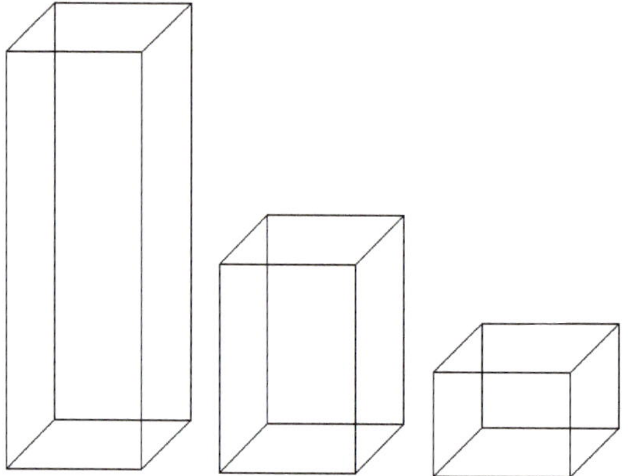

Podeste in unterschiedlichen Höhen erleichtern die Dekoration in Gruppen.

Podeste

Um Höhe in Ihre Schaufenstergestaltung zu bringen, ist es ratsam, mit Podesten in unterschiedlichen Größen zu arbeiten. Wählen Sie aber auf jeden Fall Rastermaße. Das bedeutet zum Beispiel, ein großes Podest ist doppelt so groß wie ein mittleres Podest und ein mittleres Podest doppelt so groß wie ein kleines Podest. Die Grundfläche ist bei allen Podesten gleich. Wenn Sie den Goldenen Schnitt (siehe Kapitel 7.2) als Maßeinheit wählen, ergibt das mittlere Podest zusammen mit dem kleinen Podest die Höhe des großen Podestes usw.

Sie können sich Podeste von einem Schreiner anfertigen lassen, oder Sie lassen sich im Baumarkt Tischler- oder Pressspanplatten in entsprechender Größe zuschneiden und bauen sich Ihre Podeste mit Hilfe von Holzleim (Ponal) und Schrauben (Kreuzschlitz-Schrauben für den Akku-Schrauber) selbst. Anstelle von Holz können auch 10 mm starke Leichtschaumplatten – wie zum Aufziehen der Poster – verwendet werden. Dies ist sicher die einfachste Lösung der Eigenproduktion. Die Platten werden mit dem Cutter und einer Schneideschiene aus Metall zugeschnitten, mit Eisenstecknadeln, Ponal, Uhu oder Paketklebeband fixiert und mit Lackfolie oder Stoff bespannt. Diese Podeste sind lange haltbar und leicht.

Bilder gestalten mit dem Beamer

Eine Schaufensterrückwand oder ein großformatiges Bild können Sie leicht sebst gestalten, indem Sie mit einem Beamer eine Vergrößerung anfertigen. Ein Beispiel: Sie kopieren sich das gewünschte Motiv in

Das Motiv ist mit dem Beamer vergrößert und gemalt. Dies ist eine einfache Möglichkeit, einen interessanten und spannenden Blickfang zu gestalten.

Powerpoint (beispielsweise eine Zeichnung aus einem Malbuch), projizieren das Bild mit Hilfe des Beamers auf einen Karton oder eine Leichtschaumplatte und malen das Bild einfach nach. Nach dem gleichen Prinzip funktioniert das Vergrößern eines Motives auch mit einem Overheadprojektor. Zeichnungen eignen sich besser zum Nachzeichnen als Fotos. Etwas Zeit und Geduld sind allerdings schon erforderlich. Wenn Sie mit Abtönfarben arbeiten und vollflächig malen, muss die Rückseite der Platte mit der gleichen Farbe gestrichen werden, da sich der Untergrund sonst wellt.

Videoanleitung Arbeitstechniken
www.arte-perfectum.de/arbeitstechniken

9 Arbeitsplatz und Werkzeug

Wenn Ihnen kein eigener Raum für eine Deko-Werkstatt zur Verfügung steht, sollten Sie sich zumindest Platz für einen Arbeitstisch und ein Regal schaffen. Der Arbeitstisch kann aus zwei Böcken und einer Holzplatte oder aus einem Tapeziertischsystem (das aus einzelnen zusammenklappbaren Tischen besteht) aufgebaut werden. Als Schneideunterlage sind feste Pappe (diese muss man öfter wechseln) oder eine spezielle Schneideunterlage zu empfehlen. Ein Regalsystem aus dem Baumarkt bietet zumindest für den wichtigsten Deko-Fundus Platz. Sicherlich ist es eine gute Idee, jedem Deko-Objekt gleich einen Preis zu geben und bei Nachfrage alles zu verkaufen, aber ein gewisser Fundus an Stoffen, Papier und Requisiten erleichtert Ihnen die tägliche Arbeit. Alles sauber und ordentlich in einem Regal aufbewahrt, erspart das Suchen, und für die Ideenfindung ist es oft hilfreich, sich einfach vor das Regal zu stellen und die Augen wandern zu lassen.

Werkzeuge und Arbeitsmaterialien, die Ihnen die Arbeit im Schaufenster erleichtern und ein sauberes Arbeiten ermöglichen, lassen sich in drei Gruppen einteilen: Hilfsmittel zur Befestigung, Hilfsmittel zum Trennen und nützliche Werkzeuge. Um eine Arbeit sauber und perfekt auszuführen, benötigen Sie neben einiger Übung das passende Werkzeug. Mit einem stumpfen Messer und einer defekten Zange können Sie keine gute Arbeit leisten. Wenn Sie noch keine Grundausstattung an Werkzeug und keinen Arbeitstisch haben, machen Sie sich am besten auf den Weg in einen Baumarkt. Ebenso wenig wie Sie in einem Büro ohne Schreibtisch, Stifte, Telefon und

Hilfsmittel zum Befestigen

Hilfsmittel zum Trennen

Papier auskommen werden, können Sie beim Dekorieren auf richtiges Werkzeug und einen Arbeitstisch verzichten. Wenn Sie bereits gut mit Werkzeug ausgestattet sind, ist alles am besten in einer eigenen Deko-Kiste aufgehoben, damit es im Schaufenster jederzeit greifbar ist.

Nützliche Werkzeuge

HILFSMITTEL – BEFESTIGUNG

BEFESTIGEN

- **HANDTACKER** zur schnellen Befestigung von Stoff, Lackfolie, Papier, Bändern und vieles mehr. Er reicht für diese Zwecke meistens aus, ist einfacher zu bedienen und flexibler als ein Elektrotacker
- **TACKERKLAMMERN** brauchen Sie je nach Plattenstärke in 5 mm oder 8 mm.
- **NÄGEL** in verschiedenen Größen
- **KREUZSCHLITZSCHRAUBEN** eignen sich gut für das Arbeiten mit dem Akku-Schrauber
- **PINN-NADELN** und **KLAMMERN** jeder Art und in passenden Farben.
- **EISENSTECK-NADELN** lassen sich biegen und mit etwas Übung als Nägel verwenden, ohne große Löcher zu hinterlassen

KLEBEN

- **HEISSKLEBE-PISTOLE** eignet sich hervorragend für schnelle und haltbare Verbindungen von Materialien, die keine glatte Oberfläche besitzen. Für Glas ist Heißkleber ungeeignet
- **PONAL** (Holzleim, ist auch für Papier geeignet)
- **SPRÜHKLEBER**
- **DOPPELSEITIGES SPIEGELKLEBEBAND** (nur an den Stellen verwenden, wo es sich mit einem Schaber entfernen lässt)
- **TESAFILM** (nicht zum Aufhängen von Plakaten), **KLEBESTIFT** und **FIXOGUM** zum schnellen Fixieren

AUFHÄNGEN

- **PERLONFADEN** (verschiedene Stärken), **BÄNDER** und **KORDELN** (viele Farben).
- **NATURSEIL** und **SEIL MIT DRAHT-INNENLEBEN** (gibt es im Gärtnereibedarf).
- **BLUMENDRAHT** und dünner **BASTELDRAHT** in Silber, Gold oder farbig
- **KETTEN**
- **S-HAKEN** unterschiedlicher Größen
- **NATURFARBENE WÄSCHEKLAMMERN**
- **RUNDSTÄBE/LEISTEN** aus Holz zum Befesigen von Stoff- und Papierbahnen

HILFSMITTEL – SCHNEIDEN/TRENNEN

- SCHNEIDEMESSER und ERSATZKLINGEN
- CUTTER
- FENSTER-SCHABER zum Entfernen von Kleberesten und Scheibentexten (gibt es im Baumarkt)
- HAUSHALTSSCHERE
- ZACKENSCHERE zum Schneiden von Stoffen, die nicht ausfransen sollen (gibt es in Kurzwarenläden)
- SEITENSCHNEIDER zum Abzwicken von Draht
- ELEKTRISCHE STICHSÄGE für kleinere Holzarbeiten
- SCHNEIDEUNTERLAGE aus Holz, dicker Pappe oder spezielle Schneide-Matten vom Deko-Großhändler oder Künstlerbedarf

HILFSMITTEL – ZEICHNEN, MALEN, SCHREIBEN

- BLEISTIFT zum Anzeichnen
- KALLIGRAPHIE-FÜLLER zum Schreiben der Preisschilder
- RAKEL zum Anreiben von Scheibentexten
- PINSEL in verschiedenen Stärken
- kleine SCHAUMSTOFF-ROLLE
- DISPERSIONS- und ABTÖNFARBEN in allen Farbtönen. Sie sind für den Innenbereich geeignet. Diese Farben sind mit Wasser verdünnbar, haben eine kurze Trocknungszeit und können mit Pinsel, Rolle oder Schwamm aufgetragen werden. Dispersionsfarbe kann mit wasserlöslichem Klarlack lackiert werden. Es gibt auch hochglänzend und seidenmatte Lackfarben auf Wasserbasis
- SPRÜHFARBEN sollten Sie nur bei guter Belüftung verwenden. Abdecken der Arbeitsplatte nicht vergessen
- GLÄSER, alte KAFFEEDOSEN oder BECHER (am besten mit Deckel) zum Mischen der Farbe
- SCHWAMM (auch zum Auftragen von Farbe geeignet)
- TÜCHER zum Entfernen von Farbspuren etc.

ARBEITSKLEIDUNG

- ARBEITSHANDSCHUHE
- BAUMWOLLHANDSCHUHE
- SCHUTZBRILLE (eventuell)
- KITTEL oder altes HEMD/BLUSE für die Arbeiten mit Farbe
- immer genügend alte TÜCHER und LAPPEN griffbereit halten
- DEKO-SCHUHE aus Stoff (kann man über die Schuhe anziehen, um den Boden im Schaufenster zu schonen)

WERKZEUGE UND MEHR

- SCHNEIDESCHIENE aus Metall
- WINKEL
- KOMBIZANGE zum Biegen und Abzwicken
- ZOLLSTOCK oder MASSBAND
- SCHRAUBZWINGEN
- SCHRAUBENZIEHER und KREUZSCHLITZSCHRAUBENZIEHER
- BOHRER in unterschiedlichen Stärken (passend zum Akku-Schrauber)
- AKKU-SCHRAUBER
- DEKO-HAMMER
- LEITER
- BÜGELEISEN und BÜGELBRETT (verwenden Sie keinen zerknitterten Stoff über Tische oder im Schaufenster)

10
Mit den Augen der Kunden sehen

In den letzten Kapiteln haben Sie über Möglichkeiten der Ideenfindung und die Grundregeln einer guten Warenpräsentation gelesen. Nun müssen Sie selbst entscheiden, was zu Ihrer Corporate Identity (CI) passt und welche Anregungen aus diesem Buch Sie bei sich umsetzen möchten. Für eine kritische Bestandsaufnahme des Ist-Zustandes sollten Sie sich immer wieder fragen:

- Wie nimmt der Kunde meine Buchhandlung wahr?
- Was sieht der Kunde in meinem Geschäft?
- Wo lässt sich die visuelle Kommunikation noch verbessern?

Menschen nehmen Ihre Umgebung zu 80 Prozent mit den Augen wahr. Im Vergleich dazu sind unsere anderen Sinne wenig ausgebildet. Wenn nun Ihr Kunde sozusagen ein Augen-orientiertes Lebewesen ist, sollten Sie auch visuell mit ihm kommunizieren. Bei einer visuellen Kommunikation brauchen Sie optische Reize, und Sie sollten den Augen Ihres Kunden die nötige Abwechslung bieten. Um eine stimmige Kommunikation zu erreichen, müssen Sie sich zuerst in die Lage Ihrer Kunden versetzen und nachvollziehen, wie ein Passant Ihre Buchhandlung wahrnimmt.

Versuchen Sie einmal, mit den Augen Ihrer Kunden zu sehen! Sehr gut funktioniert dies mit Fotos. Nehmen Sie Ihr Smartphone oder Ihre Digitalkamera und fotografieren Sie Ihr Geschäft von allen Seiten. Von rechts, von links, von gegenüber und – falls eine Straße vorbei führt – aus dem fahrenden Auto heraus. Machen Sie Nahaufnahmen und auch Bilder aus größerer Entfernung – dann sehen Sie, wie sich Ihre Buchhandlung von den anderen Geschäften abhebt oder auch nicht. Machen Sie Aufnahmen zu verschiedenen Tageszeiten. Fotografieren Sie den Weg Ihres Kunden durch Ihr Geschäft. Die Arbeitsplätze Ihrer Mitarbeiter, die Regale, die Kasse – einfach alles, was der Kunde sieht.

Ordnen Sie die fertigen Bilder, als Weg zu und durch Ihr Geschäft an einer Pinnwand und nehmen Sie sich Zeit, alles auf sich wirken zu lassen. Sie werden staunen, welche gnadenlosen Momentaufnahmen Fotografien sind. Sie werden vielleicht Dinge entdecken, über die Sie schon seit Wochen hinwegsteigen, und Sie können die Raumwirkung, die Kundenführung und die Beleuchtung in Ihrem Geschäft überprüfen:

- Ist Ihr Eingangsbereich attraktiv genug?
- Haben Ihre Schaufenster eine Fernwirkung?
- Wird ein Autofahrer durch Farbe und eindeutige Symbole so angesprochen, dass er die Inszenierung mit einem Blick erfassen kann?
- Ist Ihr Geschäft tagsüber und nachts richtig beleuchtet?

Auf einem Foto können Sie mehr sehen, als Sie bei einer direkten Betrachtung wahrnehmen können, denn das Auge ›glättet‹ die Wahrnehmung. Wenn Sie alleine, zusammen mit Mitarbeitern oder mit einem externen Berater die Fotos analysiert haben, bekommen Sie ein schlüssiges Bild, wie der Kunde Ihr Geschäft sieht. Stellen Sie sich immer wieder die Frage: Stimmt die visuelle Kommunikation oder gibt es Ansätze für Verbesserungen?

Denken Sie immer daran, dass in einer Buchhandlung und einem Buchschaufenster eine Übermacht an Schrift vorherrscht. Setzen Sie Akzente mit Bildern, Symbolen und plastischer Gestaltung. Schaffen Sie optische Reize und überlegen Sie sich, wo und wie oft Sie mit Ihren Kunden visuell, also nonverbal, kommunizieren können. Kein Kunde muss mehr zu Ihnen in die Buchhandlung kommen um einzukaufen, Bücher kann er sehr bequem im online bestellen. Wenn er aber auf dem Weg ins Restaurant, zum Arzt oder zu seinem Arbeitsplatz an Ihrem Geschäft vorbeikommt, wird mit einer ansprechenden visuellen Kommunikation der Wunsch entstehen, Ihre Buchhandlung zu betreten und sich vom Sortiment und der Dekoration inspirieren zu lassen. Der stationäre Einzelhandel hat viele Stärken, die es bewusst zu nutzen gilt. Neben einer kompetenten Beratung, einem individuell abgestimmten Sortiment und einer persönlichen Ansprache bietet sich die Möglichkeit, dreidimensionale Warenbilder zu kreieren und visuelle Geschichten mit einem emotionalem Erlebniswert zu gestalten.

11 Auseinandersetzung mit der Corporate Identity (CI)

Corporate Identity (CI) ist die Unternehmenspersönlichkeit, die sich im Auftreten, der Kommunikation – auch der visuellen Kommunikation – und dem Erscheinungsbild eines Unternehmens zeigt. CI wirkt sowohl nach innen als auch nach außen und erzeugt in der Öffentlichkeit ein bestimmtes Image. Farbe, Logo, Ladengestaltung, Werbeauftritt, Motivation der Mitarbeiter, Tradition, Veranstaltungen, Internetauftritt, Öffnungszeiten, Sortiment und nicht zuletzt die Schaufenster sind dabei wichtige CI-Komponenten. Eine gute Architektur oder ein gelungener Ladenbau alleine machen noch keine Unternehmenspersönlichkeit aus. Nur wenn alles stimmig ist und zueinander passt, können Sie eine klare Unternehmensaussage treffen, sich am Markt positionieren und sich von Ihren Mitbewerbern abheben. Die CI eines Geschäftes sollte wie die Persönlichkeit des Unternehmers einzigartig sein. Denn hinter erfolgreichen Einzelhandelsunternehmen steht immer eine Vision – und eine Führungskraft, die nicht nur Sinn für Zahlen, sondern auch für visuelle und praktische Umsetzungen hat.

Gerade das Schaufenster mit seiner Außenwirkung prägt das Erscheinungsbild in der Öffentlichkeit und muss eine stimmige CI widerspiegeln. Denken Sie an Fenster der großen Modelabels. Hier wird allein über die Architektur und die Gestaltung der Schaufensterwird eine klare und schlüssige Aussage zu der CI der Designermarke getroffen. Für manche Marken wird es nach einigen Jahren nötig, sich innerhalb der Zielgruppen neu zu orientieren oder ihren Marktauftritt dem Zeitgeist anzupassen. Kleine Veränderungen in den Logofarben, z. B. von Dunkelgrün und Gold zu Dunkelgrün und Platin, beeinflussen bereits die Aussage des Werbeauftritts entscheidend. Mit den Farben Dunkelgrün und Platin wird eine jüngere, trendorientierte Kundschaft angesprochen. Diese Farbkombination wirkt kühler als Dunkelgrün und Gold, aber dennoch edel.

Auch die Wahl des Bodenbelages wird das Gesamtbild des Firmenauftritts erheblich beeinflussen. Teppichboden wirkt wärmer und edler als Betonboden. Parkett ist klassisch und Terrakottafliesen wirken mediterran. Da der Boden optisch eine große Fläche einnimmt, ist es wichtig, den für Ihr Geschäft passenden Belag auszuwählen. Durch einen entspre-

Mosaik auf schwarzem Grund – wie im Hundertwasser- Haus in Wien.

chendes Material-Mix können Sie sogar die Laufrichtung Ihrer Kunden steuern und beeinflussen. Jeder Umbau und jede Erneuerung im Geschäft wirken sich auf die Wahrnehmung und das Unterbewusstsein Ihrer Kunden aus.

All diesen Überlegungen gehen Grundsatzentscheidungen voraus, die nicht dem Zufall oder ausschließlich einem Architekten oder Ladenplaner überlassen werden sollten. Sie müssen in die strategische Planung eingreifen. Idealerweise sollte ein Ideenaustausch zwischen dem Händler, einer Fachkraft für visuelles Marketing und der Ladenbaufirma stattfinden, wenn sich Ihr Geschäft positiv aus der Masse abheben soll. Je moderner und trendiger die CI eines Geschäftes ist, desto öfter muss es dem Zeitgeist entsprechend umgebaut und dem jeweils neuen Erscheinungsbild angepasst werden. Wenn das Geschäft von der Grundtendenz klassisch angelegt ist, wird sich dieser Stil über viele Jahre hinaus beibehalten lassen.

Einer der wichtigsten, aber am schwersten zu beeinflussenden Faktoren einer stimmigen CI sind die Mitarbeiter. Nur wenn die visuelle Aussage, die Kompetenz und das Auftreten der Mitarbeiter ein harmonisches Gesamtbild ergeben, stimmt letztendlich auch das CD (Corporate Design) mit dem CB (Corporate Behaviour) überein. Denn beide Faktoren zusammen ergeben erst im Zusammenspiel mit der Corporate Communication die CI. Durch den täglichen Umgang miteinander und durch die Eigendarstellung des Unternehmens werden den Mitarbeitern Werte, Sinn, Zweck und Philosophie des Unternehmens näher gebracht. Nur wenn Mitarbeiter über die Ziele informiert sind, können sie diese auch mittragen und an einem erfolgreichen Gesamtkonzept verantwortlich mitwirken. Je informierter ein Mitarbeiter ist, desto leichter wird es ihm fallen, am Gesamtkonzept der Firma mitzuarbeiten. Der Mitarbeiter sollte im Idealfall dem Kunden gegenüber das CI des Unternehmens verkörpern. Dies gilt für Pförtner und Reinigungskräfte genauso wie für den Geschäftsführer, und kann nur mit gegenseitiger Achtung und Wertschätzung erreicht werden. Jeder ist an seinem Platz für optimale Arbeitsleistung verantwortlich.

Prüfen und hinterfragen Sie Entwürfe und Vorschläge von Ladenplanern und Werbegrafikern nach praktischen und visuellen Gesichtspunkten – und nach Ihrem Bauch. Beweisen Sie Stil und treffen Sie Entscheidungen nach Ihren Visionen und nicht nur nach dem allgemein gängigen Trend. Sie wollen sich doch von Ihren Mitbewerbern abheben. Nicht nur durch Ihre Schaufensterdekoration sondern mit Ihrem gesamten Unternehmensauftritt. Warum sollte der Kunde bei Ihnen kaufen, wenn Sie austauschbar sind?

Einfach und kostengünstig ist diese Schaufenstergestaltung. Transparentpapier und Schieferplatten bilden die Grundlage dieser genau auf die Bücher abgestimmten Dekoration.

Das Thema Gott und Religion wurde hier mit einer Materialcollage und der Farbe Weiß inszeniert. Weiße Papierbahnen, Kieselsteine auf den Boden und geschredderte Papierstreifen an den beiden Platten sind ein kostengünstiger Aufbau. Ein starker Lichtpunkt auf der Rückwand bringt einen zusätzlichen Effekt in die Gestaltung.

In Zeiten eines gesättigten Marktes kommt es auf Lust, Spaß und Freude beim Einkauf an. Da Ihr Kunde alle Wünsche leicht und bequem im Internet befriedigen kann, ist es wichtig, das Käuferpotenzial vor Ihrer Ladentüre anzusprechen. Machen Sie aus Ihren Passanten Kunden! Schöpfen Sie Ihre Standortfrequenz aus! Um das zu erreichen, müssen Ihre Fassade, Ihr Eingangsbereich und Ihre Schaufenster – also Ihr gesamter Außenauftritt – eine starke visuelle Ausstrahlung haben. Je höher die Fernwirkung ist, desto mehr potenzielle Kunden locken Sie an. Laden Sie zum Nähertreten ein, verführen Sie, bieten Sie Erfolgserlebnisse und vermitteln Sie durch eine ansprechende Atmosphäre Glücksgefühle. Auch beim Bücherkauf kommt es schon lange nicht mehr nur auf Inhalte und Beratung an. Bücherkauf ist selten eine lebensnotwendige Handlung und ohne einen stimmigen Auftritt in der Öffentlichkeit verschenken Sie wertvolle Umsätze.

Eine stimmige CI hat nichts mit der Geschäftsgröße zu tun. Für eine 80 qm Buchhandlung ist sie genauso wichtig wie für eine Großflächenbuchhandlung. Im Gegenteil: Je weniger Werbebudget Sie für Zeitungsbeilagen und Anzeigenwerbung zur Verfügung haben, desto mehr sind Sie darauf angewiesen, Ihre Kunden ausschließlich über Ihr Erscheinungsbild zu gewinnen. Überprüfen Sie deshalb immer wieder aufs Neue, ob Ihre CI stimmt! Gibt es Veränderungen, die für Ihre Marktpositionierung von Vorteil wären? Hat sich die Konkurrenzsituation vor Ort verändert? Möchten Sie eine neue Käuferschicht erschließen? Ist Ihre CI noch zeitgemäß? Schreiben Sie sich am besten eine Checkliste mit Punkten, die für die Corporate Identity Ihres Unternehmens stehen. Entscheidende Fragen dürften dabei sein:

- Wodurch hebt sich Ihr Geschäft von der Konkurrenz ab?
- Was ist das Besondere Ihres Geschäftes?
- Welche Vision steht hinter Ihrem Geschäft?
- Wodurch wird ein Passant auf Ihr Geschäft aufmerksam?
- Womit verführen Sie Ihren Kunden zum Näherkommen?
- Kann man von weitem erkennen, welche Produkte Sie verkaufen?
- Strahlt Ihr Geschäft Kompetenz und Individualität aus?

Im Einzelnen ergeben sich zahlreiche Detailfragen hinsichtlich des Außen- und Innenauftritts, die abschließend in einer Übersicht zusammengefasst sind.

CHECKLISTE FÜR DEN AUSSEN- UND INNENAUFTRITT – CORPORATE IDENTITY

FASSADE

Wie ist die Fernwirkung?
Passt die Fassade zum CI meines Geschäftes?
Würde eine andere Fassadenfarbe die Fernwirkung verbessern?
Ist der Name des Geschäftes gut erkenntlich – auch nachts?
Ist die Beleuchtung intakt?
Bei mehreren Stockwerken: Wie wirken die Fenster der anderen Verkaufsebenen?
Kann durch Anbringen von Schrift, Jalousien, Blumen, farbigen Fahnen etc. die Wirkung verbessert werden?
Hebt sich mein Geschäft positiv von den anderen Fassaden ab?

EINGANGSBEREICH

Ist das Geschäft offen und leicht zu betreten, oder ist es geschlossen und bedarf es einer Anstrengung, in den Laden zu gelangen?
Kann der Kunde erkennen, was sich hinter der Eingangstür verbirgt?
Kann man die Öffnungszeiten und Internetangaben (URL und Mail-Account) gut erkennen?
Ist alles mit Plakaten zugeklebt?
Ist der Firmenname und die Firmenfarbe erkennbar?
Lassen sich die Logofarben aufnehmen?
Lässt sich der Eingangsbereich durch Pflanzen, Fahnen, bunte Bänder etc. attraktiver gestalten?

Wirkt der Eingang einladend und sauber?
Werden Eingang und Schaufenster durch Verkaufsmöbel verstellt?
Wie sehen diese Möbel aus – sind es Kisten, Wannen vom Großhändler oder Tische, die zu der CI des Ladens passen?
Würde ein farbiger Fußabstreifer oder Teppich den Eingangsbereich positiv betonen?

SCHAUFENSTER

Ist die Fernwirkung optimal?
Sind die Fensterscheiben und -rahmen sauber?
Ist optimal dekoriert?
Kann man den Namen des Geschäftes noch erkennen, wenn man vor dem Schaufenster steht?
Ist genügend und flexible Beleuchtung vorhanden?
Lässt sich der Boden und die Rückwand der jeweiligen Dekoration anpassen?
Ist genügend Höhe in der Dekoration vorhanden?
Stimmt die Art der Schaufensterdekoration mit meiner Unternehmensaussage überein?

BODENBELAG

Ist der Bodenbelag sauber?
Passen Material und Farbe harmonisch zum Gesamtbild?
Kann die Kundenführung durch den Bodenbelag noch verbessert werden?

VERKAUFSMÖBEL

Sind die Einbauten flexibel?
Ist eine Blendenbeschriftung zur Orientierung der Kunden vorhanden – und gut lesbar?
Wird die Griffzone der Kunden berücksichtigt?
Muss sich der Kunde vor den Regalen strecken oder bücken?
Kann ein Buch ohne größere Anstrengung herausgenommen werden?
Gibt es Tische zur Präsentation von Aktionen?
Gibt es genügend Freiflächen oder ist das Geschäft zu voll?
Sind die Verkaufsmöbel individuell und passen zu der CI des Geschäftes?

ARBEITSPLÄTZE

Sind die Arbeitsplätze sauber oder unordentlich?
Ist das optimale Arbeitsmaterial vorhanden?
Sind die Mitarbeiter für den Kunden deutlich erkennbar?
Wird der Kassenbereich für Zusatzkäufe genutzt, ohne überladen und unordentlich zu sein?
Wie ist der letzte Eindruck, mit dem der Kunde das Geschäft verlässt, beispielsweise die Verabschiedung an der Kasse?

MITARBEITER

Tragen die Mitarbeiter ein Namensschild und passt dieses Schild zu der CI?
Verkörpern die Mitarbeiter die CI des Geschäftes?
Ist die Beratung freundlich, höflich, schnell und kompetent?
Sind die Mitarbeiter motiviert?
Wie ist die Stimmung und der Umgangston im Geschäft?
Wird eigenverantwortlich gearbeitet?
Sind die Mitarbeiter stolz auf Ihren Arbeitsplatz?
Fühlen sich alle Mitarbeiter wertgeschätzt und als Teil des Unternehmens?

FARBEN, MATERIALEN UND LICHT

Wie ist die Logofarbe?
Welche Aussage hat die Farbe in der Farbpsychologie?
Welche Farben sind im Laden vorherrschend?
Passen diese Farben zur Gesamtaussage des Geschäftes?
Wie wirken diese Farben auf die Kunden?
Welche Materialien wurden verwendet?
Herrschen echte Materialien wie Holz, Stein und Metall vor oder wurde viel mit Kunststoff gearbeitet?
Wie sind die Lichtverhältnisse im Raum?
Ist es möglich, mit flexibler Beleuchtung Bereiche im Geschäft zu betonen und die Kundenführung zu beeinflussen?
Wie ist die Stimmung im Raum – ruhig, hektisch, heiter etc.?
Kann man mit Farbe, Raumbeduftung, Dekoration, Wasser, Pflanzen, Sitzecken usw. die Energie im Raum verbessern?
Erhöht Ihre Dekoration im Laden die Verweildauer der Kunden?

Derartige Fragen lassen sich nahezu endlos weiter differenzieren und ergänzen:

- Sind Ihre Serviceleistungen für den Kunden erkennbar?
- Haben Sie kleine Geschenke oder Überraschungen für Ihre Kunden?
- Entsprechen die Stofftaschen der CI des Hauses?
- Ist der Kunde stolz darauf, eine Tasche Ihrer Firma zu tragen?
- Was bieten Sie Ihren Kunden Besonderes?
- Womit vermitteln Sie Ihren Kunden Spaß und Freude beim Einkauf?
- Wie lässt sich die Vision Ihres Geschäftes optisch umsetzen?

Überprüfen Sie Ihr Sortiment genauso kritisch wie den Farbton Ihres Logos und Ihres Teppichbodens. Betrachten Sie nicht nur jeden Punkt für sich, sondern überprüfen Sie den Gesamteindruck, Ihre CI.

Ergibt alles ein stimmiges Gesamtbild? – Wunderbar! Dann steht ei-

Das Prüfungs-Fenster für die ›Gestalter/in für Visuelles Marketing‹ meiner Auszubildenden setzt das Buchcover *›Traumfresserchen‹* von Michael Ende dreidimensional um.

nem erfolgreichen Verkauf nichts mehr im Wege. Visuelle Kommunikation, Schaufenstergestaltung und Warenpräsentation werden Ihre Aufgabe erfüllen: Sie helfen dabei, ein besseres betriebswirtschaftliches Ergebnis herbeizuführen. Denn Sie verstehen die Schaffung eines Ambientes und Dekoration als Werbemaßnahmen und damit als Kostenfaktor unter dem Gesichtspunkt einer **Investition für die Zukunft.**

Anhang

Lieferanten von Dekomaterialien (Auswahl)

Deko Woerner
Liebigstraße 37, D-74211 Leingarten
Telefon: +49 (0)180 598787 0
www.dekowoerner.de
info@dekowoerner.de

decorado - abama display
Dresdener Straße 1, D-52068 Aachen
Telefon: +49 (0)241 88979 0
www.decorado.de
info@abama.de

Beekwilder Amsterdam
Prins Hendrikkade 16-19, NL- 1012 TL Amsterdam
Telefon: +31 20 6233222
www.beekwilder.com
order@beekwilder.com

DEKOZARUBA
Postfach 42, IZ-NÖ-Süd, A-2355 Wr.Neudorf
Telefon: +43 2236 63551 0
www.decozaruba.com
deko@zaruba.at

decopoint
Mathilde Beyerknecht Str. 14, A-3100 St. Pölten
Telefon: +43 2742 23124
www.decopoint.at
shop@decopoint.at

Ehrensprenger AG - Displayland
Allmendstrasse 29, CH -8320 Fehraltorf
Telefon: +41 44 954 80 80
www.displayland.ch
info@dispalyland.ch

Kohlschein
Leichtschaumplatten zum Aufziehen von Plakaten und vieles mehr
Feldstraße 9, D-41749 Viersen
Telefon: +49 (0)2162 8966 300
www.kohlschein.de/shop
shop@kohlschein.de

Langnickel
Kammerforststraße 5-7, D-76646 Bruchsal
Telefon: +49 7251 9176-0
www.langnickel.de
info@langnickel.de

Hinweise auf Messe-Veranstaltungen

Regionale Messen gibt es in mehreren deutschen Städten, z.B. Trendset in München, Norstil in Hamburg usw.
Im Ausland: Creativ Salzburg, Ornaris Bern, Maison&Objet Paris, Formland Herning usw.

Zusammenhänge verstehen

Dieser Titel wird in der Deutschen Nationalbibliografie angezeigt.
Die Deutsche Nationalbibliothek bietet nach Erscheinen detaillierte bibliografische Informationen unter http://dnb.d-nb.de.

Fotos Sabine Gauditz mit verschiedenen Digitalkameras
Einbandgestaltung und Typographie Margarete Bramann nach einer Reihenkonzeption von Stefanie Langner und Hans-Heinrich Ruta
Herstellung Margarete Bramann, Frankfurt am Main
Papier Gedruckt auf säurefreiem und chlorfrei gebleichtem Papier
Druck und Bindung CPI Clausen & Bosse, Leck | www.cpibooks.de
Printed in Germany, 2018
ISBN 978-3-95903-002-1